FTAと食料

評価の論理と分析枠組

鈴木宣弘編

筑波書房

はしがき

　FTA（自由貿易協定）と食料の問題を考えることは，究極的には，日本の「国益」とは何か，アジアで，世界で，日本の果たすべき役割は何か，という問題を考えることでもある。

　どの範囲で見るか，どの立場に立つかでFTAの評価は大きく異なってくる。日本から見るのか，相手国から見るのか，域内国トータルで見るのか，域外国の立場で見るのか，世界全体で考えるのか。日本の中にも食料生産に関わる人々，自動車や家電等の製造業に関わる人々，様々なサービスに従事する人々，大企業の立場と中小企業の立場，消費者の立場等がある。かたやFTAの相手国にも，同様に様々な人々がいる。さらには，当該協定の外には，それに参加しない域外国の立場がある。そして，それらをすべて包括する世界全体の経済的なメリット・デメリットの視点がある。しかも，FTAは経済の視点だけで評価されるべきものではない。

　かりに，経済の視点だけにかぎっても，最終的に世界全体でみたトータルの経済的利益が増すならば，それでよいかどうかは甚だ疑問である。効率性を至上とする経済運営が，果たして世界の，アジアの農村の貧困問題を解消しただろうか。事態はむしろ悪化しているとの見方もある。Equitable distribution of wealthへの配慮が改めて問われている。生態系や環境の保全への配慮も問われている。

　カンボジアの年間一人当たりGDPは日本の100分の1以下の3万円程度しかなく，ポルポト派による虐殺で，国家の知識階層のほとんどが犠牲になり，例えば，農林水産省職員3,000人のうち生き残った人は一人だけというような惨状から，国の復興を始めたばかりだ。そういう国に，徹底した関税撤廃を求め，日本製品を売り込み，貧しい農村の雇用を奪うことで日本の産業界が利益を得ても，それはアジアとともに発展することに活路を見出そうとする日本にとって喜ぶべきことなのだろうか。

日本とメキシコとのFTAでは，農業分野が決着できないから締結が遅れて日本の産業界の利益が失われているとの批判があったが，タイやマレーシアについては，逆に農業分野が一早く決着したため，産業界の要求が通りにくくなり問題だという批判が聞こえてくる。一方で，多くの交渉相手国からは，「日本はアジアのトップランナーなのに大人げない」という落胆の声が聞こえてくる。拙速に日本の産業界の利益を追求することが中長期的に日本の「国益」に合致するかどうかはよく吟味する必要がある。アジア農村の貧困の解消は日本の持続的発展にも欠かせない。非常に難しい調整の問題ではあるが，最終的には，アジアをリードし，アジアとともに生きる先進国としての自覚と「懐の深さ」が問われているように思われる。

　本書は，このように単純に解が求まらない問題に全面的に応えるだけのものでは到底ないが，主として経済学的視点から，FTAと食料の問題を評価するための論点と分析フレームワークとその実例をわかりやすく解説し，上記のような議論を深めるための何某かの参考資料を提供することを目的としている。

　第1章（鈴木宣弘稿）は，いわば総括編で，FTAと食料の問題を評価するための論点を包括的に整理している。さらに，第1章の補論（古川宏治稿）として，GATT24条（WTO上でFTAを容認する条件を示す条項）をめぐる問題点について，より詳細な検討を加えている。第1章のような議論を十分に展開するためには，その中で様々に活用されている数量的な分析結果の意味合いを理解する必要があるが，なかなかわかりやすい文献は少ないのが現実である。そこで，本書では，第2章以降に，シンプルかつ有用な分析フレームワークを実例と共に掲載した。

　第2章以降は，部分均衡分析（一つまたは一部の財や生産要素を取り扱う）と一般均衡分析（全ての財・サービス及び生産要素市場の同時均衡を取り扱う）とに分けて，FTAの影響を評価するための分析フレームワークとそれを用いた実証分析事例をわかりやすく解説している。厳密には，ある市場に与えられた何らかの衝撃（ショック）は，全ての市場に影響を及ぼすから，

一般均衡のフレームワークが望ましいことになるが，非常に多部門の大規模な体系になるので，パラメータ（例えば，日本のコメとタイのコメとの代替の程度を表す係数）のすべてを実証分析結果から得ることは困難で，様々な仮定が必要になる。また，部門がある程度集計的になるので，例えば，日韓FTAが韓国産ミニトマトに与える影響といった細分化された個別品目の影響評価には不向きな場合もある。したがって，各国のGDPに与える影響というような総合的な影響を問題にする場合は，当然一般均衡モデルが必要になるし，細分化された個別品目の影響をきめ細かに，かつクリアに分析しようとするときは，部分均衡モデルが有用な場合もある。要は，分析の目的に応じて，ある部分を犠牲にして，モデルを選ぶことで，有益な議論の素材が提供される。本書の第2章以降をみていただければ，こうした点がある程度実感できると考えている。

まず，第2章から第7章までが部分均衡のフレームワークに基づく分析である。

第2章（前田幸嗣稿）では，FTAの弊害として指摘される貿易転換（効率的な域外国からの輸入が非効率な域内国からの輸入にとってかわる）の議論が，通常，輸入量の変化が国際価格に影響を与えない（小国の仮定）あるいは輸出国の供給関数が水平（限界費用が一定）という制約下の図解で行われる限界を克服し，一般化した議論ができる図解を提案している。

第3章以降第7章までは具体的な個別品目ごとの部分均衡分析で，第3章（木下順子・永田依里稿）は，日韓ないし日中韓における生乳・牛乳貿易の可能性を分析している。とくに，輸入品と国産品との間の製品差別化の程度を，「国産プレミアム」（消費者が国産品であることに与える高い評価）指標を組み込む形で簡便にモデル化している点に特徴がある。また，第3章の補論（狩野秀之稿）では，日本の牛乳も韓国に輸出される可能性を空間均衡モデルで試算している。完全競争（輸送費に起因する以上の価格差が形成されない）ではない市場では，まったく製品差別化のない品目で双方向貿易（産業内貿易）が生じる実例でもある。

第4章（安英配稿）では，日韓ないし日中韓におけるコメ貿易の可能性と影響を分析している。3国のコメが完全に代替的であるという仮定の下での試算であるが，製品差別化を前提にした試算では，その製品差別化の程度に関する仮定の仕方で，影響が過少評価される傾向もある中で，それらと比較するためのベンチマークとして，こうした完全代替を仮定した試算は重要である。また，第3章，第4章では，ともに，日韓FTAに中国が加わることの意味合いが問題提起される形になっている。

第5章（中本一弥稿）では，日墨FTAの焦点となった豚肉を事例にして，センシティブ品目を最低限の開放にとどめることが，日本全体の国益，域外国の国益，世界の経済厚生の面から好ましい可能性を試算している。また，貿易転換の弊害を生じさせないような域外関税の設定方法についても議論している。

第6章（図師直樹稿）では，低関税品目はFTAでの関税撤廃はやむを得ないと片づけられがちな野菜等の品目への影響を慎重に分析する必要性から，日韓FTAにおけるピーマンを事例にして分析している。国産と韓国産とその他産が完全代替ではなく，ある程度の代替関係が存在すること（不完全代替）を，簡便に組み込んだ第3章とは別タイプのモデルで，これも簡便かつ有用な分析ツールの一つと考えられる。

第7章（安達英彦稿）では，FTAにかぎらず，従来の日本の農業保護コストの推計が，日本の輸入が増えても国際価格は上昇しない（小国の仮定）で行われてきたことによる過大評価を是正するために，従来のモデルを改良して再試算している。こうした視点と試みも重要である。

ここまでは，部分均衡分析のフレームワークに基づく分析の事例であるが，第8章と第9章において，FTAの総合的評価には欠かせない一般均衡のフレームワークについての解説と試算が示されている。第8章（川崎賢太郎稿）では，計算可能な一般均衡（CGE）モデルの体系，そしてCGEモデルの中でもFTAの評価分析に最もよく使われるGTAPモデルの体系を，類書になくわかりやすく，かつ最新のモデルの発展動向も含めて解説し，利点と留意

点が示されている。第9章（川崎賢太郎稿）では，日韓FTA，日タイFTAを事例にして，例外なしのFTAと，いくつかのセンシティブ品目を除外した場合との影響を比較している。一般均衡モデルだからこそできる有用な分析である。なお，GTAPモデルは，農産物の個別品目がかなりの程度分類されているため，かなりきめ細かな分析が可能であることも特徴である。

　本書は以上のような内容を盛り込んでいるが，2003年に九州大学で開講された修士課程のゼミ参加者を中心に，少数の外部からの助けを借りてとりまとめたもので，編者を除き，大学院生を中心とする「新進気鋭の」若手研究者により手がけられた書物である点に特徴がある。そうした利点と制約も踏まえた上で，姉妹編として既刊の拙著『FTAと日本の食料・農業』（筑波書房，2004年8月）とともに，この問題に関心のある方々に少しでも参考になれば幸いである。

2005年4月

鈴木宣弘

目　次

はしがき……3

第1章　FTA評価の視点——FTAの光と影 ……15
［第1章の要約］FTA評価の視点——FTAの光と影…………15
1．FTA推進の必要性…………31
2．FTAの光と影——差別性と利益の偏在性…………34
　(1)　域外に対する差別性……34
　(2)　域内での利益の偏在性……35
　　1) 国内での偏在性…35
　　2) メンバー国間での偏在性…35
3．日本農業悪玉論は誤り——農業はFTAに十分含められる…………36
　(1)　我が国は農業保護削減の優等生……36
　　1) 我が国の農産物の平均関税は，EUやタイやアルゼンチンよりも低い…36
　　2) 海外依存度60％の市場開放国…37
　　3) WTOの国内保護総額（AMS）からみた保護水準…37
　　4) 関税も低く国内支持も少ないのになぜ内外価格差が大きいのか…38
　　5) 「国産プレミアム」をどう考えるか…40
　(2)　農産物は十分FTAに含められる……42
4．センシティブ品目の取扱いの妥当性…………42
　(1)　ナショナル・セキュリティと地域社会存続という公共性……42
　(2)　差別性による弊害の最小化——GATT24条の矛盾……43
　(3)　「国益」と農産物のパラドックス——貿易自由化の利益の盲点……44
　(4)　FTA利益の偏在性の是正——「協力と自由化のバランス」で対応……45

5．日本の対応の硬直性……46
　(1)　サービス分野での硬直的対応……46
　(2)　対日貿易赤字と中小企業問題……46
　(3)　非関税障壁に対する政府の役割……47
6．弊害を最小化するFTAの推進方策……47
　(1)　差別性の緩和……47
　(2)　FTA利益の偏在性の是正……47
　　1）国内の分配公平化システムの模索…47
　　2）相手国のセンシティビティへの配慮…48
　　3）域内全体の再分配システムの模索…48
　　4）一方向貿易から双方向貿易へ…49
　　　①農業における双方向貿易（産業内貿易）の必要性…50
　　　②果実の成功事例に学ぶ…50
　　　　(a)　的確なニーズ把握…51
　　　　(b)　流通コストのカット…51
　　　　(c)　日本より厳しい検疫・通関手続き等への対処…51
　　　③水産物輸出増にみる輸出の役割——高品質品が国内向け…51
　　　④日韓FTAでの可能性…52
　　　⑤生乳・牛乳の日中韓における「双方向貿易」の可能性…55
　　　　(a)　韓国や中国生乳・牛乳は日本に来るか？　…55
　　　　(b)　日本の生乳・乳製品も韓国・中国へ…60
　　　⑥FTAにおける関税削減と輸出補助金削減とのバランスの確保…61
　　　　(a)　米国からのダンピング輸出は正当か——メキシコの怒り…62
　　　　(b)　豪州，ニュージーランドの輸出補助金も全廃できるか…64
　(3)　その他の弊害への対処……66
7．小括……68
[付録1]　ブロック化の弊害……79
[付録2]　WTO枠組み合意とセンシティブ品目の取り扱い……80

目次

第1章補論　GATT24条の解釈をめぐって ……………………84
1．GATT24条の規定内容…………84
2．GATT24条の問題点と解釈了解…………87
3．WTOとFTAの関係…………90

第2章　図解FTA──3カ国間貿易の部分均衡分析 ……………93
1．はじめに…………93
2．分析ツール…………94
3．FTAの経済効果…………96
　(1)　輸入国γが生産性の低い輸出国αとFTAを締結した場合……96
　(2)　輸入国γが生産性の高い輸出国βとFTAを締結した場合……98
　(3)　自給国αと輸入国γがFTAを締結した場合……100
　(4)　小括……101
4．WTOの経済効果…………102
5．おわりに…………104

第3章　東アジアにおける生乳自由貿易の影響分析……………107
1．はじめに…………107
2．日韓モデル（モデル1）…………108
　(1)　前提条件……108
　(2)　モデル導出……110
3．日中韓モデル（モデル2）…………113
4．国産プレミアムの組み込み（モデル3）…………115
5．分析結果…………117
　(1)　日韓貿易の場合……117
　(2)　日中韓貿易の場合……119
　(3)　国産プレミアムがある場合……119

第3章補論　日韓10地域モデルによる生乳貿易の分析 …………122

第4章　日韓及び日中韓FTAと米 ………………………………127
　1．モデル…………127
　2．シミュレーション結果と含意…………133

第5章　日墨FTAにおける豚肉と貿易転換効果 ………………137
　1．モデルの導出…………137
　2．シミュレーション…………138
　3．考察…………139
　4．ケンプ＝ウォン＝大山の定理に基づく試算…………140

第6章　低関税品目における日韓自由貿易協定の影響
　　　　――ピーマンの場合……………………………………143
　1．はじめに…………143
　2．分析モデル…………144
　　(1)　各国産ピーマンの日本国内での競合関係（需要関数）……144
　　(2)　国内におけるピーマンの供給関数…………145
　3．推計結果…………147
　　(1)　方程式の推計結果……147
　　(2)　国内生産者への影響の推定……151
　　(3)　輸入数量の変化……153
　4．結論と今後の課題…………154

第7章　日本の農産物貿易自由化の厚生効果
　　　　――「小国」の仮定の問題……………………………157
　1．課題…………157
　2．モデル…………158

3．貿易障壁の変化による内生変数の変化の推定…………*160*
4．厚生効果の数量化…………*161*
　(1) 国産品市場……*161*
　(2) 輸入品市場……*162*
5．データおよび弾力性等の推計結果…………*162*
6．厚生効果の試算結果…………*164*
　(1) ケース1……*164*
　(2) ケース2……*166*
　(3) ケース3……*167*
7．結論と今後の課題…………*167*

第8章　GTAPモデルおよびCGEモデルの解説 ……………*169*

1．はじめに…………*169*
2．CGEモデル…………*170*
　(1) CGEモデルの特徴……*170*
　(2) CGEモデルの定式化……*171*
　(3) データとプログラミング……*175*
　(4) CGEモデルのフロンティア……*177*
　　1) 動学化…*177*
　　2) 不完全競争…*180*
3．GTAPモデル…………*182*
　(1) GTAPモデルの構造……*183*
　　1) 地域・財分類…*183*
　　2) 生産関数…*184*
　　3) 貿易…*186*
　　4) 国際間の資本移動…*188*
　(2) 今後の課題……*188*
4．むすび…………*191*

第9章　GTAPモデルによる日タイFTAおよび日韓FTAの分析 …195
　1．はじめに…………195
　2．FTAに関する理論…………195
　3．分析手法…………197
　　(1)　データ……198
　　(2)　シミュレーション内容……199
　　(3)　結果の解釈方法……200
　4．結果：日タイFTA…………201
　　(1)　GDPへの影響……201
　　(2)　日タイ貿易への影響……202
　　(3)　日本における部門別の影響……205
　　(4)　タイおよびその他地域への影響……208
　5．結果：日韓FTA…………213
　　(1)　GDPへの影響……214
　　(2)　日韓貿易への影響……214
　　(3)　日本における部門別の影響……216
　　(4)　韓国およびその他地域への影響……219
　6．むすび…………224

[参考資料]
「経済連携（EPA／FTA）タウンミーティング イン 東京」（議事要旨）
　………………………………………………………………………233
　あとがき…………243

第1章　FTA評価の視点——FTAの光と影

[第1章の要約]　　　　　　　　　　　　　　　　　　　　鈴木宣弘

1．FTA推進の必要性

　FTA（自由貿易協定）の差別性の弊害を考慮すれば，数年前まで日本が堅持してきたWTO（世界貿易機関）重視の姿勢はもちろん間違いではなかったが，世界にFTAが蔓延しつつある現在，次の3つの理由により，FTAの推進が急がれる事態になっている。

　①世界的なFTAの増加の中で，それに属していないことにより失う利益（機会費用）の増大。

　②欧州圏や米州圏の統合の拡大・深化に対する政治経済的カウンタベイリング・パワー（拮抗力）としての東アジア全域（ASEAN＋日韓中）FTA形成による日本とアジアの発展と発言力拡大が必要。

　③国境をまたがる緊密な地域ビジネス圏が形成されつつある東アジア諸国にとってFTA締結による取引費用の低減（関税削減や取引基準・制度の統一）は大きな相互利益。

　上記①と②は，防御的理由とも呼ぶべき要因で，「差別的ブロックの形成が支配的になりつつあるとき，それが世界的に望ましくない方向であったとしても，自らの利益を確保するためには，当該ブロックへの仲間入りをするか，自ら別のブロックを形成せざるを得ない」側面といえる[注1]。一方，③

はより積極的な要因といえる。とりわけ，近接する九州と韓国及び中国沿岸部との経済的緊密化は「国境が邪魔」との実感を抱かせるものとなってきている。

2．FTAの光と影——差別性と利益の偏在性

FTAには，①域外国が損失を被る差別性や，②FTAの利益の偏在性という影の側面がある。FTAの評価は影の側面を含めて総合的に行うべきであるし，影の側面を率直に認識し，弊害を最小化できるFTAを目指すことが，結果的にはFTA推進の近道である。

ここで，①と②は論拠が異なる点に注意されたい。①は効率性，②は公平性に基づいている。①は，世界貿易を歪曲する差別性を世界的な経済厚生（経済的利益）の最大化の観点から問題視するのに対して，②の偏在性は，むしろ富の集中の方が世界全体でみた経済厚生は最大化されるとしても，過度の分配の不公平は容認されるべきでないという観点に立っている。自由貿易の進展下で世界やアジアの貧困人口はむしろ増大しているという現実の前で，トータルの効率性のみの議論には限界があると考えられる。

(1) 域外に対する差別性

まず，我々は，世界のブロック化が最終的に第二次世界大戦を招いた反省から無差別原則のGATT（関税と貿易に関する一般協定）が形成された歴史を忘れてはならない。歴史は皮肉なもので，ブロック化の反省から生まれたGATT，WTO交渉が停滞し，世界は再びブロック化し始め，東南アジアへの覇権争いの様相も呈しているが，不幸な歴史の教訓を肝に銘じておく必要がある。そもそも，特定国のみに有利な条件を提供するFTAは，本来競争力のある非加盟国を閉め出すため，国際貿易を歪曲し，世界の経済厚生を低下させる可能性がある（表1の「例外なし」の欄の域外国の数字が総じてマイナスになっていることがそれを示す）。NAFTA（北米自由貿易協定）が域内貿易比率を高めたことがしばしば肯定的に紹介されるが，それは，とり

[第1章の要約] 第1章 FTA評価の視点——FTAの光と影

表1 日タイFTA，日韓FTAによる他国の損失とセンシティブ品目除外効果
（百万ドル）

	日タイFTA		日韓FTA	
	例外品目なし	センシティブ品目除外	例外品目なし	センシティブ品目除外
中国	－334	－231	－306	－278
香港	－96	－51	－12	－7
日本	**373**	**1,034**	**750**	**1,260**
韓国	－232	－189	**2,021**	**1,578**
台湾	－216	－194	－112	－106
インドネシア	－99	－75	－76	－69
マレーシア	－175	－140	－77	－76
フィリピン	－51	－47	－30	－29
シンガポール	－234	－196	－52	－53
タイ	**2,493**	**1,213**	－113	－105
ベトナム	－10	－17	－18	－16
オセアニア	－49	－70	－130	－119
南アジア	－50	－37	－18	－15
カナダ	－9	13	－13	－6
アメリカ	－643	－528	－588	－575
メキシコ	0	11	11	15
中南米	－27	－58	－127	－115
ヨーロッパ	－681	－446	－287	－270
その他	－116	－131	－338	－323

資料：川崎賢太郎氏（東大）のGTAPモデルによる試算．本書第8, 9章参照．
注：センシティブ品目は，日タイでは米，砂糖，鶏肉．日韓では米，生乳，乳製品，豚肉．デンプンはデータ制約により含まれていない．

もなおさず日本等の域外国が閉め出されたというFTAの弊害に他ならない．

(2) 域内での利益の偏在性

1) 国内での偏在性

FTAで直接目に見える利益を得るのは，輸出や海外進出をしている業種の大手企業であるが，例えば九州では海外拠点をもつ企業は0.05％（2,000社に1社）にすぎない．つまり，農業分野のみならず，大半の一般中小企業は，むしろ競争激化の試練に立ち向かう備えが必要だというのが現実である．

一方，タイ等のアジアの農産物輸出国では，FTAで農産物輸出が増加し

ても，それで恩恵を得るのは企業的大農場で，貧困層を形成する零細農の多くの生活は改善しないのではないかとの見方もある。

2）メンバー国間での偏在性

当該国内でのセクター間，セクター内での利益の偏在性に加え，例えば，製造業では日本がより利益を得，農業では韓国がより利益を得，全体として，日本の利益が大きい，あるいは韓国の利益が大きい，といった問題がある（表１の試算では韓国，タイの利益の方が大である）[注2]。

3．日本農業悪玉論は誤り──農業はFTAに十分含められる

日本の農業が過保護で，FTAを推進するにあたって農産物が障害になるとよく指摘されるが，まず，日本農業は過保護だという認識は間違いである。実は，日本は欧米諸国以上に国内の価格支持政策に決別し，平均関税も12％で，EU（欧州連合）の20％やタイの35％よりも低く，自給率40％（海外依存度60％）の世界に冠たる農業保護削減の「優等生」である。しかし，国内の価格支持もなくなり関税も低いのに，なぜ日本の農産物や食料品は海外に比べて非常に割高なのか。その理由の一部は，消費者ニーズに対応した品質向上努力による「国産プレミアム」で説明できる。例えば，スーパーで大分産のねぎ一束（３本）が158円，中国産が100円で並べて販売されている場合，これを，大分産の158円のねぎに対して中国産ねぎが58円安いとき，日本の消費者はどちらを買っても同等と判断していると解釈すると，この58円が大分産ねぎの「国産プレミアム」といえる。これは非関税障壁ではない。日本の農産物の内外価格差が大きいことは，OECD（経済協力開発機構）が発表しているPSE（生産者助成相当額）のMPS（市場価格支持）部分に示されるが，MPSのうちどの程度が「国産プレミアム」で説明可能かをチェックせずに，MPSの大きさをもって，日本が関税に依存した高農業保護国であると判断するのはミスリーディングである。

さて，農産物の平均関税率は12％という低さで，かつ高関税品目の数は農産物全体の約１割に限られ，大多数は野菜の３％に象徴されるように極めて

[第1章の要約]　第1章　FTA評価の視点——FTAの光と影

低水準であるから，低関税品目を中心に開放しても，十分に多くの農産物を含んだFTAが可能である(注3)。すでに，日墨FTAでは両国間の農林水産物貿易額の97％に相当する多数の農産物がFTAに含められ，この方針は日比FTAの大筋合意，日マレーシア，日タイFTAの農業分野の先行的合意にも引き継がれた。

4．センシティブ品目の取扱いの妥当性

　高関税の最重要品目については，日墨，日比，日マレーシア，日タイFTAでは除外，先送り，ないし相手国向け低関税輸入枠の設定（機会の提供で輸入義務枠ではない）といった最低限の開放にとどめることで妥協点を見出したが，この対応は次の観点から妥当性がある。

(1)　ナショナル・セキュリティと地域社会存続という公共性

　まず，コメ，牛乳・乳製品，肉類，砂糖等については，国家安全保障の観点から最低限の国産が確保されるべきであり，例えば，砂糖（さとうきび・甜菜）やデンプン（甘藷・馬鈴薯）等は，他の代替的産業がほとんどなく，製造業とも結合しており，それがなくなれば地域社会そのものが消滅しかねない品目である。こうした「公共性」は国民にも理解を得られるのではなかろうか。そうした品目は各国とも存在するため，WTOでも2004年7月末に例外化できる方向で合意され，各国の既存のFTAでも例外化されている。ただし，データに基づく説明とオープンな議論とを通じて，国民や相手国に各品目の重要性を理解してもらう必要がある。

　なお，関税よりも直接支払い（消費者負担よりも納税者負担）の方が経済厚生上の損失が小さいのは自明であり，我が国も「過度に関税に依存しない施策体系への移行」を中長期的には目指している。しかし，世界的にも乳製品や砂糖を中心に高関税が維持されている背景には，直接支払いに移行した場合の大きな財政負担の発生が阻害要因となっていると考えられる。

(2) 差別性による弊害の最小化——GATT24条の矛盾

　次に、やや逆説的だが、高関税品目を特定の相手だけにゼロ関税にすると、差別が最大化され、域外国の閉め出しによって世界貿易が大きく歪曲されるため、この貿易転換（効率的な域外国からの輸入が非効率な域内国からの輸入にとってかわる）の弊害を緩和するには、高関税品目を含めない方がよいということになる[注4]。GTAPモデル（FTAの効果試算に最もよく使われる一般均衡モデル）等による試算結果でも、高関税の農産物を除外したケースの方が域外国の経済厚生の損失が緩和されることが確認できる（表1）。FTAの差別性の弊害に対処して、できるかぎり多くの品目をFTAに含めるべきとするのがGATT24条（WTO上でFTAを容認する条件を示す条項）だが、実は、それを忠実に実施して高関税品目もFTAに含めてしまうと、逆に貿易転換効果によって差別性の弊害が増幅してしまうという自己矛盾を抱えているのである[注5]。

　このことを別の試算でも確認できる。表2は、豚肉が日韓FTAに含められた場合の影響を試算したものである。口蹄疫問題の解決を前提として韓国を含めた6ヶ国モデル（各国の豚肉は消費者にとって完全代替的と仮定した豚肉1財の部分均衡モデル）で、韓国にのみ差額関税制度を含めて輸入自由化した場合の他の国々への影響を試算すると、韓国のみが利益を得るが、輸入国の日本及び他の輸出国の経済厚生は低下し、世界全体（6ヶ国）としても、総余剰は195億円のマイナスとなる。韓国へのオファーを低め、差額関税は残し、4.3%を免除する20万トン枠のみの供与にすると、他国の不利益はかなり緩和され、世界全体としての余剰の減少も小さくなる。つまり、現状の国境措置が大きい品目は、例外にするか、自由化の程度を小さくするという措置を採らないと世界全体として経済厚生が低下したり、輸出市場を失う国々からの反発が強まることをこの試算結果もよく示している。

　なお、韓国のみ部分自由化の場合は、他の輸出国の日本向け輸出量もゼロになるわけではないので、日本の国内価格は変化せず、消費者のメリットはなく、生産者への影響もない。総輸入量も変わらず、韓国の輸出増加分だけ

[第1章の要約]　第1章　FTA評価の視点——FTAの光と影

表2　日韓FTAに豚肉を含めた場合の貿易転換効果

		現状	韓国のみ自由化	韓国のみ部分自由化
供給（千トン）	米国	8929	8926.9	8928.3
	デンマーク	1748	1634.0	1735.2
	日本	1236	1160.4	1236.0
	カナダ	1854	1804.8	1840.4
	メキシコ	1085	1070.4	1080.1
	韓国	1153	1545.6	1211.1
需要（千トン）	米国	8752	8926.9	8813.9
	デンマーク	1539	1634.0	1549.1
	日本	1830	1967.1	1830.0
	カナダ	1759	1804.8	1771.4
	メキシコ	1048	1070.4	1055.4
	韓国	1077	738.9	1011.1
輸出（千トン）	米国	177	0.0	114.3
	デンマーク	209	0.0	186.0
	日本	−594	−806.7	−594.0
	カナダ	95	0.0	68.9
	メキシコ	37	0.0	24.7
	韓国	76	806.7	200.0
経済厚生の変化（百万円）	米国		−503	−297
	デンマーク		−1,885	−403
	日本		−74,012	−2,832
	カナダ		−350	−167
	メキシコ		−112	−63
	韓国		57,366	2,509
	総計		−19,497	−1,254

資料：鈴木宣弘試算。

注：供給量は2002年，輸出量は韓国の口蹄疫発生前の1999年データ。モデルに含んだ5輸出国以外からの輸入は日本の需要から差し引いた。5つの輸出国の需要には日本以外の国への輸出需要を含めた。輸入業者は輸出国で250円で調達，日本へ393円で持ち込み，差額関税制度により生じる利益（393−250）を得ていると仮定。393円に4.3％の関税がかかり，国内販売価格は410円。各国の豚肉は同質（完全代替的）と仮定。部分自由化は4.3％を免除する20万トン枠を設けるが差額関税制度を残す。輸出国間での新たな貿易は生じないと仮定。

他の輸出国のシェアが落ちるのみである。日本は関税収入を失うが，それは輸出業者ないし輸入業者の差益（レント）となる。

　さらに，とにかく貿易創造であればいいというのも短絡的であり，競争力に基づく世界貿易の姿からの乖離が検証される必要がある。例えば，表3の

表3 日韓及び日韓中FTAによる九州，韓国，中国生乳需給の変化

	変数	単位	現状	日韓FTA	日韓中FTA	日韓中FTA（国産プレミアム考慮）
九州	生産	万トン	87.7	61.8	17.5	53.3
	飲用乳価	円/kg	90.1	72.3	38.2	67.1
	飲用仕向量	万トン	69.0	61.8	17.5	53.3
	飲用需要	万トン	69.0	83.2	143.2	88.7
	加工向け	万トン	18.7	0.0	0.0	0.0
	農家受取加工乳価	円/kg	72.1	−	−	−
	総合乳価	円/kg	86.3	72.3	38.2	67.1
	メーカー支払加工乳価	円/kg	61.8	−	−	−
	輸入計	万トン	0.0	21.4	125.7	35.4
	韓国からの輸入	万トン	0.0	21.4	0.0	0.0
	中国からの輸入	万トン	0.0	0.0	125.7	35.4
韓国	生産	万トン	234.0	241.8	158.1	154.0
	需要	万トン	234.0	220.4	476.7	500.1
	乳価	円/kg	60.0	62.3	38.2	37.1
	九州向け輸出	万トン	0.0	21.4	0.0	0.0
	中国からの輸入	万トン	0.0	0.0	318.6	346.1
中国	生産	万トン	1,025.5	1,025.5	1,426.7	1,369.1
	需要	万トン	1,025.5	1,025.5	982.4	987.7
	乳価	円/kg	20.3	20.3	28.2	27.1
	輸出計	万トン	0.0	0.0	444.3	381.4
	九州向け輸出	万トン	0.0	0.0	125.7	35.4
	韓国向け輸出	万トン	0.0	0.0	318.6	346.1

資料：鈴木宣弘試算。これはラフな試算であり，より精緻なモデルと試算は本書第3章。
注：最右欄は，韓国産は30円，中国産は40円安いときに同質の日本産牛乳と同等と消費者がみなすと仮定したケース。GTAPモデル等では，国産財と輸入財との代替の弾力性（アーミントン係数）で表現する部分を，本モデルでは，「国産プレミアム」を輸入財に対する自由化後も残る取引費用のようにして上乗せする形で表現している。

ように，日韓FTAに生乳が含まれた場合，貿易がなかった日韓間に生乳貿易が発生するので，まぎれもなく貿易創造効果ではあるが，中国が参加した日韓中FTAならば，中国から大量の輸入が日韓両国に生じるはずであり，貿易が著しく歪曲されることには変わりない。

(3) 「国益」と農産物のパラドックス——貿易自由化の利益の盲点

さらに，一見意外なことに，GTAPモデル等による試算では，例外品目がないケースよりも，高関税の農産物を除外したケースの方が，域外国の経済厚生の改善のみならず，域内国である日本の国益にも合致する（経済厚生の

[第1章の要約]　第1章　FTA評価の視点――FTAの光と影

増加が大きい）という結果が得られることが多い（表1）。さらに，農産物全体を除外した方が日本の国益に合致するという結果も得られている（表4）。

表4　農業分野を含むFTAによる日本の経済厚生の変化（100万ドル）

シナリオ	経済厚生の変化
日・シンガポール	－69
日・シンガポール・韓国	－63
日・シンガポール・メキシコ	－284
日・シンガポール・韓国・メキシコ	－282
日・シンガポール・韓国・ASEAN4・中国	－3,052
日・米国	－10,730
日・中国	－1,324

資料：堤・清田（2002）。
注：数字は農業を含まないFTAと比較した経済厚生の差。

しかし，これこそ，ヴァイナー流の貿易転換効果の帰結と考えることができる。しかも，次の点も留意すべきである。輸入国にとって貿易自由化の利益が保証されるのは「小国の仮定」（輸入量の変化が国際価格に影響を与えない）が成立する場合だけだということは案外忘れられている。この仮定が現実に該当する場面はどれだけあるか。輸入増加による国際価格の上昇を見込めば，輸入国にとって経済厚生が向上するか否かはとたんに不明になる。国際価格の上昇により，関税収入の喪失と生産者の損失が消費者の利益を上回れば経済厚生は悪化する。とりわけ，世界的にも高関税と輸出補助金によって国際価格が非常に低く歪曲されている農産物貿易では，保護撤廃による国際価格の上昇は大きい。したがって，高関税品目の除外が日本の国益に合致するというGTAPモデルの結果は驚くべきことではない。

表2の日韓FTAにおける豚肉貿易自由化の試算でも，輸入国の日本自身も自由化により経済厚生が減少する結果となっている。これは，政府の失う関税収入と輸入業者が失う差額関税制度に伴う差益（レント）の合計が消費者の増加利益を上回る可能性を示唆するものである。

(4) **FTA利益の偏在性の是正――「協力と自由化のバランス」で対応**

　FTA利益の偏在性の是正については両面ある。高関税農産物の除外は，国内におけるFTA利益の偏在性の是正に寄与する反面，農産物分野での利益に期待する相手国にとっては損失であり，FTA利益の両国間のバランスを悪化させる場合もある。FTA利益の偏在性の是正については，国内だけでなく相手国も思いやる必要がある。

　農業については，タイを筆頭にアジア諸国が求めていた「協力と自由化のバランス」（協力を拡充すればセンシティブ品目の自由化の度合いが低くてもよい）を重視し，農業分野での様々な協力（援助）拡充を打ち出した。このことも農産物のスムーズな決着に貢献した。

　また，市場アクセスについても，零細農民の所得向上に配慮した優先的措置を打ち出した。例えば，フィリピンとのFTAにおいて，小規模農家の生産する品目の関税を優先的に撤廃することを約束した。具体的には，小さい種類のバナナ（モンキー・バナナ等）である。また，小さい種類のパイナップルについても優先的に無税枠の設定を行うことを約束した。こうした措置は，我が国が自身のセンシティブ農産物では十分に各国の要請に応えられない面があるけれども，FTAの利益から取り残されがちな零細農に対する優先的配慮を可能なかぎり行い，アジア農村の貧困解消と所得向上に貢献することで，バランスを確保しようとしていることを表している。

5．日本の対応の硬直性

　日韓FTAを事例に日本の対応の問題点を例示する。

(1) **サービス分野での硬直的対応**

　日韓FTAの産官学共同研究会におけるサービス分野（人の移動に密接に関連）に関する日本の対応をふりかえると，金融，教育，法律，運輸，建設，電気通信，医療等に関連するサービスの自由化については，文字どおり，一度も産官学共同研究会のテーブルにもつかなかった省庁さえあれば，韓国側

[第1章の要約]　第1章　FTA評価の視点——FTAの光と影

からの要望に対して，「まったく論外」という回答が多く，韓国側が再三失望感を表明した。わずかでも前向きの姿勢と措置が，相手国にとっても日本から引き出した成果として報告でき，実は日本もほとんど困らないことなのに，それが言えないという実態がある。原則論，形式論，慎重論では，「心と心の」対話ができない。包括的FTAは，案件がすべての省庁に関係するので，大局的に最終判断のできる強い権限を付与された統括的通商交渉機関がないまま，各省庁がバラバラに省益に縛られたままテーブルにつくとまとまらない(注6)。

(2) 対日貿易赤字と中小企業問題

日韓FTAにより部品・素材の輸入が増え対日赤字が拡大するとともに，韓国の部品・素材産業に被害が出ることを韓国側は懸念している。日本側は，その分，韓国の中国等世界向けの製品輸出が伸びるから，対日のみで議論するのはナンセンスと応答したが，韓国側は，韓国の素材・部品産業育成に技術協力やそのための基金造成に日本からの支援があれば，素材・部品の日本への依存度が低下し，対日赤字解消と産業育成が可能と指摘した。これに対して日本側は，韓国はもはや途上国ではなく，それは民間の問題で政府がタッチするところでないと応答し，その姿勢を今も崩していない。正論かもしれぬが，かたくなな対応はFTA推進の障害となり，結局日本も利益を失う(注7)。NAFTA成立のためにメキシコからの同様の基金造成要求を受け入れた米国政府の対応とは対照的である。また，FTA利益の偏在性緩和の視点が欠如している。EU形成でドイツが果たした役割にも学ぶ点がある。

(3) 非関税障壁に対する政府の役割

日韓FTAの産官学共同研究会の下に韓国側の要望で設けられたNTM（非関税措置）協議会で，個別案件ごとに，それが非関税障壁かどうか，そうであれば改善策は何かを丁寧に検討したが，韓国側からの非関税障壁の指摘について，それは民間の商慣行であり，政府は口を出せないという回答が日本

側からよくある。これは,「政府の役割」を否定する自己矛盾的側面もあり注意が必要である。とりわけ,競争制限的行為により海外企業が閉め出されている可能性については,訴えがなくとも,疑わしきは積極的に調査する姿勢も必要である。

6．弊害を最小化するFTAの推進方策

(1) 差別性の緩和

非加盟国の「閉め出し」,世界貿易の歪曲化を最小化するには,高関税品目を含めない方がよい(表1,2)。つまり,高関税の農産物等を除外ないし最低限の開放(相手国向け低関税枠＝輸入機会の設定等)にとどめることは,域外国及び世界全体の経済厚生の損失を緩和する。しかも,日本全体の「国益」にも合致する。

(2) FTA利益の偏在性の是正

1）国内の分配公平化システムの模索

国内の多くの中小企業,関税削減対象の農業分野等への影響を調査し,激変緩和,競争力強化資金,資源賦存条件格差のため埋められぬ競争力格差補填等のための基金造成等が考えられる。韓チリFTAにおける韓国の対応が一つの参考になる。ただし,これは,むしろ,3）の域内全体の再分配システムの中に取り込まれる方がより望ましいと考えられる。

2）相手国のセンシティビティへの配慮

アジアのトップ・ランナー国としての「懐の深さ」が問われている。日本のセンシティブ品目だけに配慮を要求して,例えば,マレーシアの国民車がどれほどセンシティブか,あるいは,韓国の部品・素材産業を中心とした日本製品の輸入増への不安にまったく配慮しない対応は再検討の余地がある。日本の一部産業界の利益を過度に主張するのはアジアのリーダー国としての自覚の欠如と言われかねない。

[第1章の要約]　第1章　FTA評価の視点——FTAの光と影

3）域内全体の再分配システムの模索

　我が国が東アジア諸国との連携強化によって，アジアとともに持続的発展を維持することに活路を見出そうとするならば，FTA形成による痛みを和らげ，アジア農村の貧困を解消し，アジア諸国間の100倍もの所得格差の緩和に資するような包括的な利益の再配分と支援システムを我が国が提案することが極めて喫緊の課題と考えられる。

　EU形成でドイツが果たした役割に学ぶ点がある。ドイツがEU予算に最大の拠出をし，それを南欧の国々が受け取る形で差し引き赤字になりながらEU統合に貢献してきたように，東アジア全域FTA形成で損失が生じる国やセクターの痛みを緩和するために，GDPに応じた加盟各国の拠出による東アジア全域FTAの共通予算を活用するシステムの青写真を我が国が提示する必要があろう。食料・農業については，EUのCAP（Common Agricultural Policy）を参考にした「東アジア共通農業政策」の具体的枠組みを我が国が中心となって検討する必要があろう。

　「東アジア共通農業政策」の最も基本的な部分は，各国がGDPに応じた拠出による基金を造成し，国境の垣根を低くしても，生態系や環境も保全しつつ，資源賦存条件の大きく異なる各国の多様な農業が存続できるように，その共通予算から，共通のルールに基づいて，必要な政策を講じるというものと考えられる。これに加えて，規格や検疫制度，種苗法の調和等という制度の共通化も重要な側面である。さらに，食料安全保障についても，一国だけでなく，東アジア全体で考えるという視点が可能であり，我が国のWTO提案として出された国際穀物備蓄構想の具体化として，我が国が，すでに主導的に進めている東アジア米備蓄システムの構築事業は，それに通じるものと位置づけることができる。

　もちろん，食料安全保障を東アジア全体で考えるという視点は，例えば，日本のコメ生産がゼロになっても，中国やタイが生産してくれるからよい，という発想ではない。統合が進んでいるEUでも，各国が可能な限り食料を自給することが基本になっていることからも明らかなとおり，自国の生産の

確保を前提とした上で，不測の事態への対応を域内全体で協力して迅速かつ効果的に行えるシステムを構築しようというのが，東アジア米備蓄システムの構築事業のねらいである。

4）一方向貿易から双方向貿易へ

　痛みを和らげる配慮の一方で，基本的には，競争のないところに発展はないので，農家や中小企業も，日本の技術は世界に負けないという気概を持ってFTAをチャンスと捉える姿勢も必要である。「国産プレミアム」の強化は，輸入品に対抗する防御的な効果があるのみならず，海外からの安い農産物に奪われた市場は，海外において高品質を求める市場を開拓することで埋め合わせるという「棲み分け」（双方向貿易）につながる。製造業も農業も基本的な考え方は同じである。特に，EUは農産物も含めて域内の双方向貿易（＝産業内貿易）が進展しているのに比べてアジアは極端な一方向貿易のままである（通商白書2004）。そこで，一方向貿易の打開によって，FTA利益の偏在性を改善する努力も不可欠である。さらには，農業でも，海外からの労働力の受入れを拡充し，担い手不足解消と生産性向上を図る選択肢もある。

　なお，とりわけ農産物輸出には世界的に直接・間接の輸出補助金が蔓延している中，FTAでは関税撤廃を進める一方で輸出補助金は野放しの傾向が強い。これは，輸出補助金を原則使用禁止としていても域外の輸出国の補助金付き輸出に対抗する使用は認めることになっているため，実質的には野放しになってしまうということである。これでは不公平な「一人勝ち」を招く。NAFTAでは，アメリカのダンピング穀物が関税の撤廃されたメキシコ市場になだれ込むことが問題となってメキシコが協定見直し要求を行う事態にまで発展した。隠れた輸出補助金も含めて，輸出国側の貿易歪曲的措置の撤廃と輸入国側の関税撤廃とのバランスを確保する必要がある。そのためには，FTA締結時に輸出補助金の定義を厳密に詰めることと厳格な禁止規定が不可欠である。

[第1章の要約]　第1章　FTA評価の視点——FTAの光と影

(3)　その他の弊害への対処

　FTAの増大とともに，締結国間で，品目ごとに異なる関税削減ルールや原産地規則が錯綜することによる弊害は「スパゲティ・ボウル現象」と呼ばれるが，特に，原産地証明の事務の増加は，FTAのコストとして深刻化している。業界関係者の間では，3％以下の関税の品目では，関税撤廃のメリットよりも原産地証明に伴う経費の方が大きいという見方がある。この克服には，とにかくFTA間で原産地規則の簡素化と統一を図る努力をするしかない。

（注1）Krugman（1991）は，世界が3ブロックになったときが最も経済厚生が悪化する可能性を示した。欧州圏，米州圏，アジア圏を連想させる。ただし，Krugman（1991）では，形成されたブロック間で最適関税を課すことができるという前提で試算されており，これはブロック外に対して従来よりも障壁を高めることを認めないというGATT24条の要請に合致しない場合が生じると思われる。

（注2）日チリFTAでは日本の経済厚生はマイナス，世界全体としてもマイナスとの試算もある。差別性，利益の偏在性ともに高いということである。関税撤廃を行った場合，打撃が予想される日本側の業種が広範に存在し，逆に利益を得る業種がかぎられている。チリから日本への輸出をみると，その半分が銅であり，残り半分が農林水産物である。その上位の有税品目は，さけ・ます，豚肉，うに，ワイン，ぶどう，合板等である。一方，日本からチリへの輸出は自動車とタイヤで7割に達する。つまり，関税撤廃が行われた場合，利益は自動車等に限定される一方，銅，さけ・ます，豚肉，うに，ワイン，ぶどう，合板などのセンシティブ品目がずらりと存在する構造となっている。なお，動学的効果，特に，FTAによる「生産性向上」効果をGTAP等のシミュレーションに加味すると，日本にとっての利益も当然高まる。動学的効果の認識は重要ではあるが，その仮定の仕方により試算結果が様々に調整される側面があるため，FTAの効果は，現在の構造を前提とした静学的シミュレーション結果をベンチマークにして動学的要素を加味した試算は参考にする方が望ましいと思われる。

（注3）ただし，短絡的に低関税品目だから影響は小さいと判断するのは危険である。例えば，銅の関税は実質1.8％程度とかなり低いが，銅関連産業の利潤率は極めて低いため，わずかな価格低下でも産業の存続に甚大な影響があるとして，日チリFTAでは関税撤廃を困難視する見方がある。

(注4) もちろん，関税が高くとも，世界で最も効率的な輸出国とFTAを結ぶ場合には，貿易転換は生じないが，それは政治的に最も困難な選択肢である。
(注5) GATT24条において，「実質上のすべての貿易について」関税その他の制限的通商規則が協定国間で妥当な期間内に廃止され，かつ域外国に対しては貿易障壁を従前よりも高めてはならないことを条件にFTAの存在を認めているのは，究極的には「国が合併して一国になる」ならやむを得ないという意味合いと考えられる。FTAの「差別性」に伴う世界貿易の歪曲性，それによる経済厚生の損失を小さくするという視点からGATT24条をみると，「実質上のすべての貿易について」廃止を条件とした意図は，有利不利で相手によってFTAに入れる品目を選択するのは，貿易の歪曲度を高める（貿易転換効果を大きくする）ことになるので，これを緩和することにあるといえる。端的な実例は米国のFTA活用方法に見られる。例えば，国際的には競争力のない米国乳製品であるが，メキシコとなら勝てるため，メキシコとのFTAでは乳製品をゼロ関税とし，最も米国が排除したい豪州とのFTAでは乳製品を実質除外するといった具合にして，本来競争力のない米国乳製品の輸出拡大に成功している。
(注6) フィリピンからの看護師等の受入れ条件の大幅緩和が表明されたのは大きな情勢変化であった。
(注7) ただし，そこまでして日韓FTAを締結する意味はないというのが一部の日本政府，財界関係者の見解でもある。

第1章　FTA評価の視点——FTAの光と影

鈴木宣弘

1．FTA推進の必要性

　我が国は，長らくGATT（関税と貿易に関する一般協定），そしてその後を受けたWTO（世界貿易機関）に基づく多国間の互恵的な貿易交渉を支持し，2国間または地域間の特恵的な自由貿易協定（FTA）締結の動きを批判してきた。FTAの差別性の弊害を考慮すれば，数年前まで日本が堅持してきたWTO重視の姿勢はもちろん間違いではなかったが，世界にFTAが蔓延しつつある現在，次の3つの理由により，FTAの推進が急がれる事態になっている。

　①世界的なFTAの増加の中で，それに属していないことにより失う利益（機会費用）の増大。特に，FTAの「ハブ」（結節点）になった国（シンガポール，メキシコ，チリ等）とFTAを結んでいない場合には失う利益が大きくなると認識された[注1]。

　②欧州圏や米州圏の統合の拡大・深化に対する政治経済的カウンタベイリング・パワー（拮抗力）としての東アジア全域（ASEAN＋日韓中）FTA形成による日本とアジアの発展と発言力拡大が必要。WTOのカンクン閣僚会議を前に，仲間と頼りにしていたEU（欧州連合）が，日本に何の相談もな

く米国との妥協案作りを行ったことは，日本の置かれている国際的発言力を象徴するものであった。

　③国境をまたがる緊密な地域ビジネス圏が形成されつつある東アジア諸国にとってFTA締結による取引費用の低減（関税削減や取引基準・制度の統一）は大きな相互利益。

　上記①と②は，防御的理由とも呼ぶべき要因で，「差別的ブロックの形成が支配的になりつつあるとき，それが世界的に望ましくない方向であったとしても，自らの利益を確保するためには，当該ブロックへの仲間入りをするか，自ら別のブロックを形成せざるを得ない」側面といえる（付録1参照）。一方，③はより積極的な要因といえる。とりわけ，近接する九州と韓国及び中国沿岸部との経済的緊密化は「国境が邪魔」との実感を抱かせるものとなってきている。東京へ行くより韓国や中国沿岸部に行く方が近い九州にとって，国内市場が飽和状態の中で，人口が多く，所得向上が進む韓国や中国沿岸部は，今後の日本の高品質製品・産物の市場として極めて有望である。そのためには，国境があるために生じている関税その他の制度的制約が撤廃されて，また，知的所有権制度等の様々な制度が調和（統一）されれば，国内で行うのと変わりなく同じ条件でビジネスが可能になるメリットは大きい。「海賊版」（いわゆる"ナンチャッテ"商品）になやまされることもなくなる。また，投資に関する規制もなくなれば，現地生産比率もさらに高めることができ，我が国の最大のネックである人件費の問題もいっそう解決される。

　以前は，ある産業は日本立地が有利で，ある産業は中国立地が有利というように，丸ごと産業単位での立地論が展開されてきたが，いま東アジアで起こっている国際分業はそうではなくなってきている。最近，日本企業は，ある産業分野の製品製造を丸ごとどこかに移すというのではなく，完成品になるまでの製造工程をいくつもの生産ブロックに分解し，高度技術者の必要な部分，安価な単純労働にまかせたのが効率的な部分というように，それぞれの工程を最も適した環境のアジア各国に割り振って，分散的に生産している（慶応大学の木村福成教授がフラグメンテーションとして紹介している）。こ

第1章　FTA評価の視点——FTAの光と影

の場合，分散立地した工程を結びつけるためのサービス・リンク・コスト（輸送費，通信費，他の様々な取引費用，制度的制約等）を節減することが非常に重要で，FTAの締結はその節減に極めて有効である（木村2000）。アジア・ワイドでのフラグメンテーションの進展下では，個別の二国間のFTAでは不十分で，東アジア全体が共通市場化することがサービス・リンク・コスト節減の要件になってくる（図1）。

日本産業の空洞化への懸念もあるが，いまアジアで進んでいる状況の場合，全工程がゴッソリ外国に行ってしまうわけでなく，フラグメンテーション（分散立地）になっているので，日本にも，日本にふさわしい部分（一番の強み＝コア・コンピタンス）が残される形で完全な空洞化は回避される可能性がある。日本の製造業は，いまや「製造業」という言葉がふさわしくなく，サービス・ノウハウ・技術開発といった部分が日本に残り，単なる「ものづくり」は海外拠点に移っていくという見方もある。

図1　自動車産業のアジア・ワイドのフラグメンテーション

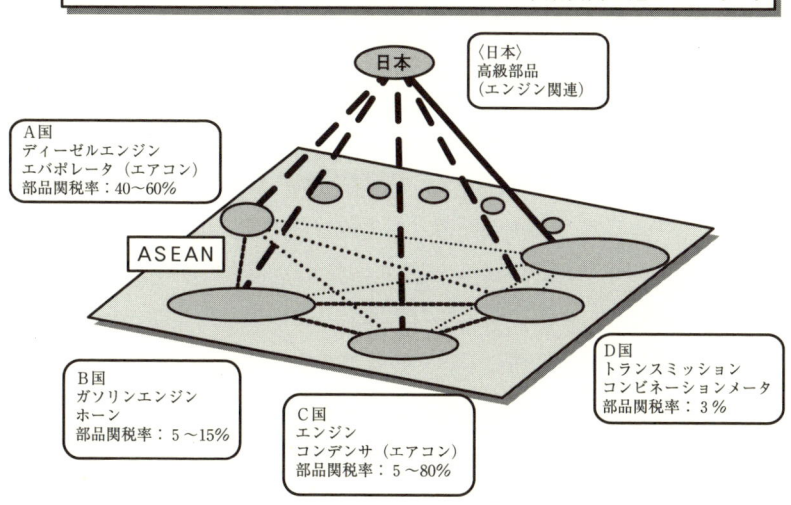

資料：経済産業省作成。

2．FTAの光と影――差別性と利益の偏在性

　しかし，FTAには，①域外国が損失を被る差別性や，②FTAの利益の偏在性という影の側面がある。FTAの評価は影の側面を含めて総合的に行うべきであるし，影の側面を率直に認識し，弊害を最小化できるFTAを目指すことが，結果的にはFTA推進の近道である。

　ここで，①と②は論拠が異なる点に注意されたい。①は効率性，②は公平性に基づいている。①は，世界貿易を歪曲する差別性を世界的な経済厚生（経済的利益）の最大化の観点から問題視するのに対して，②の偏在性は，むしろ富の集中の方が世界全体でみた経済厚生は最大化されるとしても，過度の分配の不公平は容認されるべきでないという観点に立っている。自由貿易の進展下で世界やアジアの貧困人口はむしろ増大しているという現実の前で，トータルの効率性のみの議論には限界があると考えられる。

(1) 域外に対する差別性

　歴史は皮肉なものである。WTOの前身であるGATTは，1929年の米国大恐慌を発端に始まった世界のブロック化と関税引上げの報復合戦，そして最終的にそれが第二次世界大戦を招いた反省から，戦後の1947年に，どの国にも無差別に，相互・互恵的に関税その他の貿易障壁を低減し，多角的に世界貿易を拡大することを基本的精神として設立された。しかし，そのWTOの行き詰まり感の中で，FTA締結交渉が活発化し，世界は再び急速にブロック化に向かい始め，東南アジアへの覇権争いの様相も呈しているが，我々は不幸な歴史の教訓を肝に銘じておく必要がある。

　WTOとFTAの基本的な違いは，WTOは世界（加盟国・地域）全体に同じ条件を与えるものであり，FTAは協定を結んだ国のみの間に有利な条件を与えるものであるということ，WTOは関税を「漸次削減していく」というものだが，FTAは関税の「撤廃（＝ゼロ関税）」を基本としている点であ

る。WTOは世界的に「無差別」であるのに対して，FTAはブロック内と外を「差別的」に扱うもので，意図的に競争相手を排除できる。特定国のみに有利な条件を提供するFTAは，本来競争力のある非加盟国を閉め出すため，国際貿易を歪曲し，世界の経済厚生を低下させる可能性がある。表1（17ページ）は，日タイFTA，日韓FTAが形成された場合の域内国とその他の国々の経済厚生の変化を示しているが，域内国は利益を得るが，他のほとんどの国は，その弊害で不利益を被ることが如実に示されている。

　NAFTA（北米自由貿易協定）が域内貿易比率を高めたことがしばしば肯定的に紹介されるが，それは，とりもなおさず日本等の域外国が閉め出されたというFTAの弊害に他ならない。

(2) 域内での利益の偏在性

1) 国内での偏在性

　アジア・ワイドでのフラグメンテーションの進展というものの，地場の中小企業にそのようなことが可能なのか。FTAで直接目に見える利益を得るのは，輸出や海外進出をしている大手自動車，半導体，家電メーカー（とくに自動車についてはアセアン諸国の自動車の関税は完成車で80％，部品も数十％でFTAの利益が非常に大きい）であり，例えば九州では海外拠点をもつ企業は0.05％（2000社に1社）にすぎない。つまり，農業分野のみならず，大半の一般中小企業は，むしろ競争激化の試練に立ち向かう備えが必要だというのが現実である。

　一方，タイ等のアジアの農産物輸出国では，FTAで農産物輸出が増加しても，それで恩恵を得るのは企業的大農場で，貧困層を形成する零細農の多くの生活は改善しないのではないかとの見方もある。

2) メンバー国間での偏在性

　当該国内でのセクター間，セクター内での利益の偏在性に加え，例えば，製造業では日本がより利益を得，農業では韓国がより利益を得，全体として，

日本の利益が大きい，あるいは韓国の利益が大きい，といった問題がある。表1の日タイ，日韓FTAの試算では，「例外なし」の場合には，日本の利益よりも韓国，タイの利益の方がかなり大きい可能性が示唆されている。

　2005年1月に産官学共同研究会が始まった日チリFTAに関しては，日本の経済厚生はマイナス，世界全体としてもマイナスとの試算もある^(注2)。差別性，利益の偏在性ともに高いということである。関税撤廃を行った場合，打撃が予想される日本側の業種が広範に存在し，逆に利益を得る業種がかぎられている。チリから日本への輸出をみると，その半分が銅であり，残り半分が農林水産物である。その上位の有税品目は，さけ・ます，豚肉，うに，ワイン，ぶどう，合板等である。一方，日本からチリへの輸出は自動車とタイヤで7割に達する。つまり，関税撤廃が行われた場合，利益は自動車等に限定される一方，銅，さけ・ます，豚肉，うに，ワイン，ぶどう，合板などのセンシティブ品目がずらりと存在する構造となっている。

3．日本農業悪玉論は誤り——農業はFTAに十分含められる

　日本の農業が過保護で，FTAを推進するにあたって農産物が障害になるとよく指摘されるが，まず，日本農業は過保護だという認識は間違いである。

(1) 我が国は農業保護削減の優等生

　我が国が，高い国境の防波堤と国内での手厚い価格支持政策に支えられた農業保護大国であるという見解は，海外からも，我が国の財界や一般経済学者からもしばしば耳にする。しかし，国境の防波堤が高いというのも，手厚い価格支持政策に依存しているというのも，いずれも間違いである。

1）我が国の農産物の平均関税は，EUやタイやアルゼンチンよりも低い

　我が国の農産物の平均関税率は12％であり，米国の6％よりは高いが，スイスの51％，韓国の62％等に比べてはもちろん，農産物輸出国であるEUの

20%，タイの35%，アルゼンチンの33%よりも低い。

　農産物の平均関税が12%ということは，コメ，乳製品，肉類といった最もセンシティブな（最重要）高関税品目を除くと，野菜の3%に象徴されるように，他の農産物関税はかなり低いことを意味する。例えば，UR合意で関税割当が適用されたセンシティブ品目の枠外税率（重量税）を%換算すると，コメ490%，小麦210%，大麦190%，脱脂粉乳200%，バター330%，でん粉290%，雑豆460%，落花生500%，こんにゃく芋990%，生糸190%程度である。これらの高関税品目は，品目数で農産物全体の一割程度である。これらを除いただけでも，残りの品目の平均関税は，10%未満となる。言い換えれば，多くの野菜等は，WTOやFTA以前の問題として，すでに，韓国や中国との激しい競争にさらされている。

2）海外依存度60%の市場開放国

　我が国の国境の防波堤が高くない決定的な証左として，食料自給率，裏返せば，食料の海外依存度がある。カロリー・ベースで40%という我が国の食料自給率の低さ，食料の海外依存度60%の高さは世界の中で際だっており，他の欧米先進国ではとうてい許容できない水準であることはまちがいない。事実，かつて日本並みに食料自給率が低かった英国やスイスは，日本と対照的に自給率の引き上げに成功している。

3）WTOの国内保護総額（AMS）からみた保護水準

　我が国の農業政策は，従来，長らく価格支持政策を重要な柱の一つとしてきたが，近年，「価格は市場で，あとは収入変動リスク緩和対策のみ」という方針での農政転換が大きく進められた。我が国は，価格支持政策に決別した点では，オセアニアを除けば，いまや農業保護削減の世界一の「優等生」といえる。したがって，「世界で最も価格支持政策に依存した農業保護国」という指摘は，もはや，まったくあたらない。

　それは，GATTのウルグアイ・ラウンド（UR）合意で約束された2000年

の国内保護総額（AMS＝Aggregate Measurement of Support）の削減目標の達成状況にも端的に示されている。日本は達成すべき額（4兆円）の19％の水準（7,500億円）にまで大幅に超過達成している。コメや牛乳の行政価格を実質的に廃止したからである。コメの政府価格はまだあるというが、数量を備蓄用に限定したことで下支え機能を失っている。一方、米国は約束額（2兆円）を100％としたときに88％（1兆8千億円）まで、やや超過達成した程度である。AMS額は、もはや絶対額でみても農業総生産額に対する割合（我が国が8％、米国が9％）でみても我が国の方が米国よりも小さいのである。

しかも、米国のAMSには本来含められるべきものが算入されていないため、実際の額の半分に満たないAMS額が通報されていて、表に出ない保護措置も温存されている。我が国のAMSの減少は内外価格差部分がAMS算定から形式的に外れた結果にすぎないという見方もあるが、それは価格支持をやめたからこそできたのであり、いまも価格支持制度を維持している米国やEUとの違いは大きい。しかし、「我が身をきれいにして国際交渉を有利にする」とした意図が十分達成されているかどうかについては議論があろう。

4) 関税も低く国内支持も少ないのになぜ内外価格差が大きいのか

日本は、国内価格支持政策はほとんどなくなっても、関税が高いから大きな内外価格差が維持できるのであり、農業保護水準は依然として高いのだ、という指摘は正しいだろうか。これも間違いであることは、すでに指摘したように、我が国の農産物の平均関税が12％という事実からわかる。

まず、内外価格差の大きさに基づく農業保護指標を検証する。WTOにおけるAMS設定の基礎になったのが、OECD（経済協力開発機構）のPSE（Producer Support Estimate: 生産者支持推定量）という指標である。ところが、近年の両者の乖離が指摘されている（小林2004参照）。

とりわけ、日本の場合、AMSは7,500億円なのに、PSEは5.5兆円（Agricultural Policies in OECD Countries：Monitoring and Evaluation

2003）であり，両者の乖離は極めて大きい。そこで，両者の定義をよくみてみよう。

OECDのPSEとは，「農業生産あるいは農業収入における特質，目的及び影響にかかわらず，農業政策により生じる，農場出荷段階にて計測される消費者及び納税者から生産者への金銭的移転の年間総額を示す指標」と定義される。具体的には，

　PSE＝内外価格差×生産量＋財政支出

で算出される。内外価格差とは，国内価格（生産者価格）と国際価格（輸入価格: CIF価格）との差である。この部分はMPS（Market Price Support: 市場価格支持）と呼ばれている。「市場価格支持」というと，国内的な価格支持制度による政策的な価格と誤解されるかもしれないが，要は，内外価格差である。国境措置があれば，国内的な価格支持制度がなくても国内価格を国際価格から乖離させることが可能だからである。財政支出とは，生産，作付／頭数，過去の実績，投入財の使用，投入財の抑制，農業収入全体，その他，のそれぞれに基づく農家への直接支払いが該当する。

これに対して，AMSは，

　AMS＝市場価格支持額＋削減対象直接支払い

ここで，市場価格支持額＝（行政価格－国際価格）×支持対象数量

で定義される。

すなわち，その違いは，

①PSEが国内的な価格支持政策の有無にかかわらず，内外価格差全体を算定するのに対して，AMSの場合は，国内的な価格支持政策が存在する場合にのみ，その対象数量についてのみ内外価格差を問題にする，

②財政的な直接支払いについても，AMSは，WTO上の保護削減対象政策（いわゆる「黄」の政策）のみを算入する，

という点にある。つまり，WTOでは，関税については，市場アクセス分野での削減約束を別途行っているので，国内支持に関する削減を検討するAMSでは，関税に基づく保護額は算入しないことで，二重計上を避けてい

るのである。

　日本のAMSが大幅に減少したのは，先述のとおり，コメや牛乳の行政価格がほぼ廃止されたので，内外価格差を算定する必要がなくなったからであるが，ここからもわかるように，コメや牛乳の内外価格差そのものがなくなったわけではないことは明らかである。

　コメや乳製品については，国内支持価格がなくなったが，確かに高い関税が維持されているので，関税により内外価格差が維持されているといえる。しかし，その他の多くの品目については，関税も低く国内支持も少ないのに，なぜそれでも内外価格差が大きいのかという問題が残る。

　生乳（未処理乳）についても，関税は21.3％であるから，理論的には，自由貿易が行われていれば，中国の生乳価格20円／kgに九州までの輸送費10円と関税7円を足した37円が九州の飲用向け乳価になるべきということになるが，実際には，九州の飲用向け乳価は90円で，37円よりも53円も高い。この格差をどう解釈するのか，これを非関税障壁（NTB＝Non-Tariff Barriers）というのか，ということである。

5）「国産プレミアム」をどう考えるか

　この疑問に応えるために検討すべきは，「国産プレミアム」である。
　例えば，2004年1月18日，福岡のあるスーパーでは，
　ねぎ一束（3本）　　　　　　　大分産158円，中国産100円
　生椎茸一パック（6個）　　　　福岡産198円，中国産128円
で販売されていた。これを，大分産の158円のねぎに対して中国産ねぎが58円安いとき，日本の消費者はどちらを買っても同等と判断しているというふうに解釈すると，この58円ないし，比率で58％を大分産ねぎの「国産プレミアム」と呼ぶことができる。

　牛乳は輸入が行われていないので比較できる現状データは存在しないが，九大の4年生のアンケート調査（図師2004）によると，日本で180円の最も標準的な牛乳が，かりに韓国産，中国産だったら，いくらなら買うかという

問いに対して，平均で，

　韓国産94.5円（「国産プレミアム」が85.5円，90.4％）

　中国産72.9円（「国産プレミアム」が107.1円，147.0％）

という回答が得られている。

　このような「国産プレミアム」は関税がなくなっても残る格差である。厳密に言えば，買い手が同一（homogeneous）とは認識していない商品を比較しているということであるが，この「国産プレミアム」部分は，関税等の保護措置によって形成されたものではないから保護の結果とはいえない。消費者ニーズに対応した品質向上努力の結果である。

　こうした日本人の特質は海外に滞在したときにも端的に示される。卑近な例だが，筆者が米国に滞在しているとき，家内は最初大きなスーパーへ行って，生鮮食品が安い，安いと喜んでいたが，あるとき，毎週火曜日に開かれているファーマーズ・マーケットの野菜や卵を買ってから，値段は3～4倍もして，むしろ日本より高いくらいなのに，鮮度，味，日持ちが全然違うと言って，そこでばかり買うようになって，結局食費は米国に来ても安くはならなかった。これが日本人だということである。つまり，食料品の安易な日米価格比較は意味がないことがわかる。

　したがって，「国産プレミアム」のデータを整備し，保護指標から「国産プレミアム」部分を差し引く必要があるといえる。また，関税や輸送費で説明できない内外価格差をNTBとして問題視することがあるが，その実質が多くは，この「国産プレミアム」だとすれば，それを不公正なNTBだという批判も当たらないことになる。こうした視点から，農業保護の国際比較指標を再検討してみることも必要ではないかと思われる。OECDのPSEのMPS部分のうちどの程度が「国産プレミアム」で説明可能かをチェックせずに，MPSの大きさをもって，日本が関税に依存した高農業保護国であると判断するのはミスリーディングである。

(2) 農産物は十分FTAに含められる

さて，農産物の平均関税率は12%という低さで，かつ高関税品目の数は農産物全体の約1割に限られ，大多数は野菜の3%に象徴されるように極めて低水準であるから，低関税品目を中心に開放しても，十分に多くの農産物を含んだFTAが可能である[注3]。すでに，日墨FTAでは両国間の農林水産物貿易額の97%に相当する多数の農産物がFTAに含められ，この方針は日比FTAの大筋合意，日マレーシア，日タイFTAの農業分野の先行的合意にも引き継がれた。

4．センシティブ品目の取扱いの妥当性

高関税の最重要品目については，日墨，日比，日マレーシア，日タイFTAでは除外，先送り，ないし相手国向け低関税輸入枠の設定（機会の提供で輸入義務枠ではない）といった最低限の開放にとどめることで妥協点を見出したが，この対応は次の観点から妥当性がある。

(1) ナショナル・セキュリティと地域社会存続という公共性

まず，コメ，牛乳・乳製品，肉類，砂糖等については，国家安全保障[注4]の観点から最低限の国産が確保されるべきであり，例えば，砂糖（さとうきび・甜菜）やデンプン（甘藷・馬鈴薯）等は，他の代替的産業がほとんどなく，製造業とも結合しており，それがなくなれば地域社会そのものが消滅しかねない品目である。こうした「公共性」は国民にも理解を得られるのではなかろうか。そうした品目は各国とも存在するため，WTOでも2004年7月末に例外化できる方向で合意され（付録2参照），各国の既存のFTAでも例外化されている[注5]。ただし，データに基づく説明とオープンな議論とを通じて，国民や相手国に各品目の重要性を理解してもらう必要がある。

なお，関税よりも直接支払い（消費者負担よりも納税者負担）の方が経済

第1章　FTA評価の視点——FTAの光と影

厚生上の損失が小さいのは自明であり，我が国も「過度に関税に依存しない施策体系への移行」を中長期的には目指している。しかし，世界的にも乳製品や砂糖を中心に高関税が維持されている背景には，直接支払いに移行した場合の大きな財政負担の発生が阻害要因となっていると考えられる。

(2) 差別性による弊害の最小化——GATT24条の矛盾

次に，やや逆説的だが，高関税品目を特定の相手だけにゼロ関税にすると，差別が最大化され，域外国の閉め出しによって世界貿易が大きく歪曲化されるため，この貿易転換（効率的な域外国からの輸入が非効率な域内国からの輸入にとってかわる）の弊害を緩和するには，高関税品目を含めない方がよいということになる[注6]。GTAPモデル（FTAの効果試算に最もよく使われる一般均衡モデル）等による試算結果でも，高関税の農産物を除外したケースの方が域外国の経済厚生の損失が緩和されることが確認できる（表1）。FTAの差別性の弊害に対処して，できるかぎり多くの品目をFTAに含めるべきとするのがGATT24条（WTO上でFTAを容認する条件を示す条項）だが，実は，それを忠実に実施して高関税品目もFTAに含めてしまうと，逆に貿易転換効果によって差別性の弊害が増幅してしまうという自己矛盾を抱えているのである[注7][注8]。

このことを別の試算でも確認できる。表2（21ページ）は，豚肉が日韓FTAに含められた場合の影響を試算したものである（日墨FTAの試算は本書第5章）。口蹄疫問題の解決を前提として韓国を含めた6ヶ国モデル（各国の豚肉は消費者にとって完全代替的と仮定した豚肉1財の部分均衡モデル）で，韓国にのみ差額関税制度を含めて輸入自由化した場合の他の国々への影響を試算すると，韓国のみが利益を得るが，輸入国の日本及び他の輸出国の経済厚生は低下し，世界全体（6ヶ国）としても，総余剰は195億円のマイナスとなる。韓国へのオファーを低め，差額関税は残し，4.3%を免除する20万トン枠のみの供与にすると，他国の不利益はかなり緩和され，世界全体としての余剰の減少も小さくなる。つまり，現状の国境措置が大きい品

43

目は，例外にするか，自由化の程度を小さくするという措置を採らないと世界全体として経済厚生が低下したり，輸出市場を失う国々からの反発が強まることをこの試算結果もよく示している。

なお，韓国のみ部分自由化の場合は，他の輸出国の日本向け輸出量もゼロになるわけではないので，日本の国内価格は変化せず，消費者のメリットはなく，生産者への影響もない。総輸入量も変わらず，韓国の輸出増加分だけ他の輸出国のシェアが落ちるのみである。日本は関税収入を失うが，それは輸出業者ないし輸入業者の差益（レント）となる。

さらに，とにかく貿易創造であればいいというのも短絡的であり，競争力に基づく世界貿易の姿からの乖離が検証される必要がある。例えば，表3（22ページ）のように，日韓FTAに生乳が含まれた場合，貿易がなかった日韓間に生乳貿易が発生するので，まぎれもなく貿易創造効果ではあるが，中国が参加した日韓中FTAならば，中国から大量の輸入が日韓両国に生じるはずであり，貿易が著しく歪曲されることには変わりない。

(3) 「国益」と農産物のパラドックス——貿易自由化の利益の盲点

さらに，一見意外なことに，GTAPモデル等による試算では，例外品目がないケースよりも，高関税の農産物を除外したケースの方が，域外国の経済厚生の改善のみならず，域内国である日本の国益にも合致する（経済厚生の増加が大きい）という結果が得られることが多い（17ページの表1）。さらに，農産物全体を除外した方が日本の国益に合致するという結果も得られている（23ページの表4）。

しかし，これこそ，ヴァイナー流の貿易転換効果の帰結と考えることができる。しかも，次の点も留意すべきである。輸入国にとって貿易自由化の利益が保証されるのは「小国の仮定」（輸入量の変化が国際価格に影響を与えない）が成立する場合だけだということは案外忘れられている。この仮定が現実に該当する場面はどれだけあるか。輸入増加による国際価格の上昇を見込めば，輸入国にとって経済厚生が向上するか否かはとたんに不明になる。

国際価格の上昇により，関税収入の喪失と生産者の損失が消費者の利益を上回れば経済厚生は悪化する。とりわけ，世界的にも高関税と輸出補助金によって国際価格が非常に低く歪曲されている農産物貿易では，保護撤廃による国際価格の上昇は大きい[注9]。したがって，高関税品目の除外が日本の国益に合致するというGTAPモデルの結果は驚くべきことではない。

表2（21ページ）の日韓FTAにおける豚肉貿易自由化の試算でも，輸入国の日本自身も自由化により経済厚生が減少する結果となっている。これは，政府の失う関税収入と輸入業者が失う差額関税制度に伴う差益（レント）の合計が消費者の増加利益を上回る可能性を示唆するものである。

(4) FTA利益の偏在性の是正──「協力と自由化のバランス」で対応

FTA利益の偏在性の是正については両面ある。高関税農産物の除外は，国内におけるFTA利益の偏在性の是正に寄与する反面，農産物分野での利益に期待する相手国にとっては損失であり，FTA利益の両国間のバランスを悪化させる場合もある。FTA利益の偏在性の是正については，国内だけでなく相手国も思いやる必要がある。

農業については，タイを筆頭にアジア諸国が求めていた「協力と自由化のバランス」（協力を拡充すればセンシティブ品目の自由化の度合いが低くてもよい）を重視し，農業分野での様々な協力（援助）拡充を打ち出した。このことも農産物のスムーズな決着に貢献した。

また，市場アクセスについても，零細農民の所得向上に配慮した優先的措置を打ち出した。例えば，フィリピンとのFTAにおいて，小規模農家の生産する品目の関税を優先的に撤廃することを約束した。具体的には，小さい種類のバナナ（モンキー・バナナ等）である。また，小さい種類のパイナップルについても優先的に無税枠の設定を行うことを約束した。こうした措置は，我が国が自身のセンシティブ農産物では十分に各国の要請に応えられない面があるけれども，FTAの利益から取り残されがちな零細農に対する優先的配慮を可能なかぎり行い，アジア農村の貧困解消と所得向上に貢献する

ことで，バランスを確保しようとしていることを表している。

5．日本の対応の硬直性

日韓FTAを事例に日本の対応の問題点を例示する。

(1) サービス分野での硬直的対応

日韓FTAの産官学共同研究会におけるサービス分野（人の移動に密接に関連）に関する日本の対応をふりかえると，金融，教育，法律，運輸，建設，電気通信，医療等に関連するサービスの自由化については，文字どおり，一度も産官学共同研究会のテーブルにもつかなかった省庁さえあれば，韓国側からの要望に対して，「まったく論外」という回答が多く，韓国側が再三失望感を表明した。わずかでも前向きの姿勢と措置が，相手国にとっても日本から引き出した成果として報告でき，実は日本もほとんど困らないことなのに，それが言えないという実態がある。原則論，形式論，慎重論では，「心と心の」対話ができない。包括的FTAは，案件がすべての省庁に関係するので，大局的に最終判断のできる強い権限を付与された統括的通商交渉機関がないまま，各省庁がバラバラに省益に縛られたままテーブルにつくとまとまらない[注10]。

(2) 対日貿易赤字と中小企業問題

日韓FTAにより部品・素材の輸入が増え対日赤字が拡大するとともに，韓国の部品・素材産業に被害が出ることを韓国側は懸念している。日本側は，その分，韓国の中国等世界向けの製品輸出が伸びるから，対日のみで議論するのはナンセンスと応答したが，韓国側は，韓国の素材・部品産業育成に技術協力やそのための基金造成に日本からの支援があれば，素材・部品の日本への依存度が低下し，対日赤字解消と産業育成が可能と指摘した。これに対して日本側は，韓国はもはや途上国ではなく，それは民間の問題で政府がタ

ッチするところでないと応答し，その姿勢を今も崩していない。正論かもしれぬが，かたくなな対応はFTA推進の障害となり，結局日本も利益を失う[注11]。NAFTA成立のためにメキシコからの同様の基金造成要求を受け入れた米国政府の対応とは対照的である。また，FTA利益の偏在性緩和の視点が欠如している。EU形成でドイツが果たした役割にも学ぶ点がある。

(3) 非関税障壁に対する政府の役割

日韓FTAの産官学共同研究会の下に韓国側の要望で設けられたNTM（非関税措置）協議会で，個別案件ごとに，それが非関税障壁かどうか，そうであれば改善策は何かを丁寧に検討したが，韓国側からの非関税障壁の指摘について，それは民間の商慣行であり，政府は口を出せないという回答が日本側からよくある。これは，「政府の役割」を否定する自己矛盾的側面もあり注意が必要である。とりわけ，競争制限的行為により海外企業が閉め出されている可能性については，訴えがなくとも，疑わしきは積極的に調査する姿勢も必要である。

6．弊害を最小化するFTAの推進方策

(1) 差別性の緩和

非加盟国の「閉め出し」，世界貿易の歪曲化を最小化するには，高関税品目を含めない方がよい（17ページの表1，21ページの表2）。つまり，高関税の農産物等を除外ないし最低限の開放（相手国向け低関税枠＝輸入機会の設定等）にとどめることは，域外国及び世界全体の経済厚生の損失を緩和する。しかも，日本全体の「国益」にも合致する。

(2) FTA利益の偏在性の是正

1）国内の分配公平化システムの模索

国内の多くの中小企業，関税削減対象の農業分野等への影響を調査し，激

変緩和,競争力強化資金,資源賦存条件格差のため埋められぬ競争力格差補填等のための基金造成等が考えられる。韓チリFTAにおける韓国の対応が一つの参考になる。ただし,これは,むしろ,3)の域内全体の再分配システムの中に取り込まれる方がより望ましいと考えられる。

2) 相手国のセンシティビティへの配慮

アジアのトップ・ランナー国としての「懐の深さ」が問われている。日本のセンシティブ品目だけに配慮を要求して,例えば,マレーシアの国民車がどれほどセンシティブか,あるいは,韓国の部品・素材産業を中心とした日本製品の輸入増への不安にまったく配慮しない対応は再検討の余地がある。日本の一部産業界の利益を過度に主張するのはアジアのリーダー国としての自覚の欠如と言われかねない。

3) 域内全体の再分配システムの模索

我が国が東アジア諸国との連携強化によって,アジアとともに持続的発展を維持することに活路を見出そうとするならば,FTA形成による痛みを和らげ,アジア農村の貧困を解消し,アジア諸国間の100倍もの所得格差の緩和に資するような包括的な利益の再配分と支援システムを我が国が提案することが極めて喫緊の課題と考えられる。

EU形成でドイツが果たした役割には学ぶ点がある。ドイツがEU予算に最大の拠出をし,それを南欧の国々が受け取る形で差し引き赤字になりながらEU統合に貢献してきたように,東アジア全域FTA形成で損失が生じる国やセクターの痛みを緩和するために,GDPに応じた加盟各国の拠出による東アジア全域FTAの共通予算を活用するシステムの青写真を我が国が提示する必要があろう。食料・農業については,EUのCAP(Common Agricultural Policy)を参考にした「東アジア共通農業政策」の具体的枠組みを我が国が中心となって検討する必要があろう。

「東アジア共通農業政策」の最も基本的な部分は,各国がGDPに応じた拠

出による基金を造成し，国境の垣根を低くしても，生態系や環境も保全しつつ，資源賦存条件の大きく異なる各国の多様な農業が存続できるように，その共通予算から，共通のルールに基づいて，必要な政策を講じるというものと考えられる。これに加えて，規格や検疫制度，種苗法の調和等という制度の共通化も重要な側面である。さらに，食料安全保障についても，一国だけでなく，東アジア全体で考えるという視点が可能であり，我が国のWTO提案として出された国際穀物備蓄構想の具体化として，我が国が，すでに主導的に進めている東アジア米備蓄システムの構築事業は，それに通じるものと位置づけることができる。

　もちろん，食料安全保障を東アジア全体で考えるという視点は，例えば，日本のコメ生産がゼロになっても，中国やタイが生産してくれるからよい，という発想ではない。統合が進んでいるEUでも，各国が可能な限り食料を自給することが基本になっていることからも明らかなとおり，自国の生産の確保を前提とした上で，不測の事態への対応を域内全体で協力して迅速かつ効果的に行えるシステムを構築しようというのが，東アジア米備蓄システムの構築事業のねらいである。

4）一方向貿易から双方向貿易へ

　痛みを和らげる配慮の一方で，基本的には，競争のないところに発展はないので，農家や中小企業も，日本の技術は世界に負けないという気概を持ってFTAをチャンスと捉える姿勢も必要である。「国産プレミアム」の強化は，輸入品に対抗する防御的な効果があるのみならず，海外からの安い農産物に奪われた市場は，海外において高品質を求める市場を開拓することで埋め合わせるという「棲み分け」（双方向貿易）につながる。製造業も農業も基本的な考え方は同じである。こうして，一方向貿易の打開によって，FTA利益の偏在性を改善する努力も不可欠である。

　なお，とりわけ農産物輸出には世界的に直接・間接の輸出補助金が蔓延している中，FTAでは関税撤廃を進める一方で輸出補助金は野放しの傾向が

強い。これは，輸出補助金を原則使用禁止としていても域外の輸出国の補助金付き輸出に対抗する使用は認めることになっているため，実質的には野放しになってしまうということである。これでは不公平な「一人勝ち」を招く。NAFTAでは，米国のダンピング穀物が関税の撤廃されたメキシコ市場になだれ込むことが問題となってメキシコが協定見直し要求を行う事態にまで発展した。隠れた輸出補助金も含めて，輸出国側の貿易歪曲的措置の撤廃と輸入国側の関税撤廃とのバランスを確保する必要がある。そのためには，FTA締結時に輸出補助金の定義を厳密に詰めることと厳格な禁止規定が不可欠である。

以下では，これらの論点について，より詳細な検討を加える。

①農業における双方向貿易（産業内貿易）の必要性

双方向貿易（産業内貿易）とは，例えば，韓国のコメが日本に輸出されるが，日本のコメも韓国に輸出される状況である。

通商白書（2004）は，貿易を

(a) 一方向貿易（産業間貿易）
(b) 垂直的産業内貿易（品質差に基づく）
(c) 水平的産業内貿易（属性差に基づく）

に区分している[注12]。(a)は，例えば，韓国のコメが日本に輸出されるが，日本のコメは韓国に輸出されない状況である。(b)は，日韓間でコメが双方に輸出されるが，韓国の輸出米と日本の輸出米にかなりの価格差があり，高品質米が日本から，低価格米が韓国から，というような場合である。(c)は，日韓間でコメが双方に輸出されるが，韓国の輸出米と日本の輸出米の価格差が小さく，品質というより機能の違いにより双方向貿易が生じる場合である。

通商白書（2004）の図3-1-7のように，農産物貿易は，とりわけアジアでは，極端な一方向貿易の状態にあり，EUでは，かなり双方向貿易が進展していることを勘案すると，相互利益のためには，これを双方向貿易にもっていく努力が不可欠である。

②果実の成功事例に学ぶ

よく紹介される農産物輸出の成功事例に青森県のKりんご園がある。成功のポイントは次のような点である。

(a) 的確なニーズ把握

大玉の日本での高品質品を送ったら，大きすぎるといわれたので，日本では捨てるような小さいくず玉を送ったら，「やればできるじゃないか」の返事があった。高品質でなくとも意外なところにニーズがある可能性を示唆している。

(b) 流通コストのカット

通商白書（2004）の図3-4-1のように，日本の国内流通に比較して流通ルートを格段に短縮し，経費の縮減を達成した。後述の韓国での日本農産物の可能性の議論とも整合する。

(c) 日本より厳しい検疫・通関手続き等への対処

諸外国は日本の検疫・通関手続き等を批判するが，中国はじめアジア諸国も欧米も，むしろ日本以上に厳しい。Kりんご園は，日本では通常発行されていない証明書の要求に，全官庁から「出したことない証明は出せない」と断られても，諦めずに，自筆のサインを商工会議所でオーソライズしてもらうことでクリアした。この工夫に学ぶとともに，日本の役所の柔軟性ある対応が必要であることも示唆される。

なお，通商白書（2004）の分析によれば，図3-4-3，3-4-4のように，果実の輸入は，一人当たりGDPが3,000〜5,000ドルを超えるころから始まり，10,000ドルを超えるあたりから本格化する。例えば，タイは，国全体では，一人当たりGDPは約2,000ドルであるが，首都バンコクにかぎれば，約6,000ドルであり，果実輸入開始レベルを超えている。こうしたデータからターゲットになるマーケットを探索するのもひとつの手段である。

③水産物輸出増にみる輸出の役割——高品質品が国内向け

最近，サケ，スケソウダラ等の水産物の輸出増加が注目されている。サケはノルウェーやチリからの輸入が増加する一方で，中国向けを中心に輸出も急増しているが，この場合，上海の富裕層をターゲットにした高品質品が輸

出されているのではなく，大半が低品質品だという点に特徴がある。産卵時期が近づき脂肪分が減少した北海道産シロサケは，以前は身をほぐして販売したり，魚粉にしていた（日経新聞，2005年4月24日）が，これを輸出に回すことで，日本国内における国産品の値崩れを防止でき，その結果，総売上額を高めることができるのである。同様の役割を果たして伸びているものとして韓国向けのスケソウダラの輸出がある。韓国向けスケソウダラ価格が底値形成機能を果たしているという。

このように，通常は高級品を海外向けに販売するという方向性が指摘されがちであるが，低品質品を中心に，安くても海外市場に販売して国内価格を維持することで国内販売と輸出とを合わせた総販売額を高める販売戦略は合理的である。ただし，一点注意すべきはダンピングの問題である。二つの市場に販売する商品の品質が異なるので，ただちには問題にはならないと思われるが，ダンピング輸出とみなされる危険があることは念頭に置いておく必要があろう。

④日韓FTAでの可能性

例えば，韓国側の農産物の平均関税（貿易のある品目に限定した場合）は84％と日本の11％を大きく上回っており，緑茶の514％（関税割当枠内は40％）に象徴されるように，韓国の高関税が撤廃されれば，福岡の八女茶のように輸出が期待できるものもある。

また，贈答文化が根強い韓国では，高級なくだものは需要がある。贈答品の1セットの平均価格は，日本が3～5千円なのに対して，韓国は4～5万円と高く，贈答用なしは一個900円，りんごは一個660円，干しいたけ240gが4,000円とのデータもある。韓国の関税は，なし45％，りんご45％，干しいたけ30％，うんしゅうみかん144％（関税割当枠内は50％）となっている。実は，韓国側も，日本の過度の検疫が緩和されれば，韓国のなし，りんごの日本への輸出が拡大できると指摘しており，日韓双方がお互いに自国に有利と期待している。

耕種作物の生産費は韓国が日本の半分から1/3（表5，表6），畜産物は日

表5　日韓の施設果菜類生産費および所要労力比較

作物	収量(kg/10a)		kg当たり生産費		所要労力(時間/10a)	
	韓国	日本	韓国	日本	韓国	日本
キュウリ	11,702	15,965	60.3	157.3	835	1,414
トマト	7,418	11,520	70.7	145.7	744	1,069
イチゴ	2,685	2,407	155.6	779	775	1,121

出所：http://www.gifu-u.ac.jp/~fukui/03-010622-7.htm

表6　日韓のナスに関する経営成果の比較（2001年）

単位：千円／10a

	項目	韓国(A)	日本(B)	A/B
農業粗収益	数量(kg)	11,110.00	13,407.20	0.82
	単価	129.4	252.7	0.51
	小計	1,437.40	3,388.70	0.42
経営費	雇用労賃	92.1	50	1.84
	種苗・苗木	35.5	133.2	0.26
	肥料	69.2	242.8	0.28
	農業薬剤	18	135.5	0.13
	諸材料	138.8	215.7	0.14
	光熱動力	212.4	302.6	0.7
	農機具	38.5	179.2	0.22
	農用建物	130.2	296.1	0.44
	賃借料及び料金	10.1	284	0.04
	土地改良及び水利費	1	6.7	0.15
	農業雑支出	5	35.9	0.14
	小計	750.8	1,881.70	0.38
成果	農業所得	686.6	1,507.00	0.36
	農業所得率(%)	47.8	44.5	1.07
	損益分岐点	330.7	982.3	

資料：韓国農村振興庁『農畜産物標準所得』，農林省『野菜・果樹品目別統計』より作成。

注：1）為替100円＝1,062.02ウォン。
　　2）韓国の資料では，支払小作料，物件税及び公課諸負担，負債利子，企画管理費は経営費に計上されていないため，農業所得の中に含まれているとみなし，日本についても農業所得の項目に入れた。
　　3）農業所得率＝農業所得÷農業粗収益×100
　　4）損益分岐点＝10a当たり固定費÷（1－10a当たり変動費/10a当たり粗収益）

出所：金慈景・豊智行・福田晋・甲斐諭『韓国における施設野菜の成長と農家の経営分析』2003年度九州農協経済学会大会個別報告資料，6ページ。

表7　日韓の豚肉（生体）1kg当たり生産費

単位：円

費目	韓国	日本	韓/日
家畜費	45.55	9.76	466.7
飼料費	79.79	159.47	50.0
水道光熱費	1.69	8.99	18.8
防疫治療費	4.02	12.21	32.9
修繕費	0.86	8.63	10.0
（建物）	0.66	3.69	17.9
（大農具）	0.2	4.01	5.0
（生産管理費）	－	0.93	－
小農具費	0.03	－	－
諸材料費	0.94	0.54	174.1
借入利子	1.26	1.84	68.5
賃借料	0.07	2.6	2.7
雇用労働費	4.09	4.88	83.8
その他雑費	2.68	2.81	95.4
償却費	4.26	11.91	35.8
（建物）	3.01	8.53	35.3
（大農具）	1.25	3.3	37.9
（生産管理費）	－	0.08	－
小計（A）	145.24	223.64	64.9
自家労働費	3.12	37.36	8.4
自己資本利子	6.17	5.79	106.6
自作地地代	0.28	0.75	37.3
費用合計（B）	154.81	267.54	57.9
副産物収入（C）	0.27	8.12	3.3
経営費（A－C）	144.97	215.52	67.3
生産費（B－C）	154.54	259.42	59.6
販売時体重（kg）	107.5	110.7	97.1

資料：韓国は九州大学金慈景（Kim jakyung）さん作成。原資料は、韓国国立農産物品質管理院、www.naqs.go.kr　日本は農林水産省統計部三浦美知雄氏。

注：日本は一貫経営で、家畜費には、もと畜費、繁殖雌豚費、種雄豚費、種付料を含む。日本の「借入利子」には支払地代を含む。日本の「その他雑費」は敷料費と物件税及び公課諸負担の計。調査期間は、韓国が2002.1.1 － 12.31。日本は2002.4.1 － 2003.3.31。100ウォン＝10円で換算。

本の6割程度（表7，表8）の低さで、生産費から見て韓国有利は明らかである。しかし、多くの野菜はすでに3％程度の関税でも日本産も「国産プレミアム」で奮闘している[注13]。また、食料品の小売価格は福岡よりソウルがむしろ高いとのデータ（表9）もあり、流通経費節約で、高品質の贈答品にかぎらず、かなり幅広い日本産品にも輸出可能性がある。

第1章　FTA評価の視点——FTAの光と影

表8　日韓の生乳kg当たり生産費比較

単位：円

費目	韓国	日本(全国)	北海道	韓国－日本	韓国－北海道
飼料費	25.38	31.37	27.21	-5.99	-1.83
（流通飼料（単味・配合・粗飼料他））	14.26	24.43	16.00	-10.16	-1.74
（牧草・放牧・採草費）	11.12	6.94	11.21	4.17	-0.10
乳牛償却費（乳脂率3.5％換算乳量100kg当り）	4.56	9.55	9.31	-4.99	-4.75
建物費	1.09	1.57	1.65	-0.48	-0.56
農機具費	1.93	2.65	2.37	-0.72	-0.44
労働費	8.15	21.11	17.74	-12.96	-9.59
費用合計	45.63	74.71	66.11	-29.08	-20.49
副産物価額	5.46	6.74	8.55	-1.28	-3.09
生産費（副産物差引）	40.16	67.97	57.57	-27.80	-17.40
全算入生産費	44.50	72.87	63.99	-28.37	-19.49
1頭当たり産乳量（kg）	7,070.80	8,834	8,836		

資料：韓国は九州大学金慈景（Kim jakyung）さん。原資料は，韓国国立農産物品質管理院，www.naqs.go.kr。日本は農林水産省統計部。飼料の内訳については全酪連。

注：日本の乳量は3.5％換算で搾乳牛1頭当たり。調査期間は，韓国が2002.1.1-12.31。日本は2002.4.1-2003.3.31。100ウォン＝10円で換算。

　また，韓国はコメの関税化もしていないが，コメがかりに日韓FTAに組み込まれた場合，日本の高品質米の輸出がむしろ見込まれるとの見方もある。日韓のコメ生産費をみると，日本を100として韓国が35であるが，小売価格は福岡を100としてソウルが78（表9）で，やはり小売価格は生産費の差ほど開いていない。

　総じていえば，改めて，主要品目ごとの関税を日韓で比較した表10を見ると明らかなように，日韓の食料品価格が接近している中で，日本側から見れば，すでに関税が低く競争にさらされている品目の数％の関税撤廃で失うものよりも，数十～数百％の韓国側の関税がなくなることによる日本からの輸出可能性の拡大メリットの方が格段に大きい可能性をもう少し前向きに評価した方がよいように思われる。

⑤生乳・牛乳の日中韓における「双方向貿易」の可能性

　(a)　韓国や中国生乳・牛乳は日本に来るか？

　表8のとおり，生乳生産費は野菜ほどの差はないものの，韓国は日本の6割の水準（44.5円／kg）である。費目別にみると，家族労働費の評価額のほかは，流通飼料費，素畜費の差が大きい。ただし，北海道については，飼料

表9 福岡及びソウルにおける食料品の小売価格調査結果
　　（福岡：平成13年12月，ソウル：平成14年3月）

（共通品目29品目）

品目	単位	福岡(円)	CPIウェイト	ソウル換算価格（円） デパート	食品スーパー	コンビニ	平均	価格比(福岡=100) デパート	食品スーパー	コンビニ	平均
食パン	1kg	391	45	625	375	375	458	160	96	96	117
スパゲッティ	300g	137	3	90	−	−	90	66	−	−	66
さけ	100g	201	14	230	200	−	215	114	100	−	107
たら	100g	196	0	250	−	−	250	128	−	−	128
えび	100g	273	20	364	−	−	364	133	−	−	133
まぐろ缶詰	80g	159	0	75	64	91	77	47	40	57	48
牛肉（ロース）	100g	651	24	750	468	−	609	115	72	−	94
豚肉（肩肉）	100g	154	18	120	129	−	125	78	84	−	81
鶏肉	100g	111	24	85	69	−	77	77	62	−	69
ハム	100g	224	18	180	168	−	174	80	75	−	78
牛乳	1000ml	196	46	78	90	135	101	40	46	69	52
鶏卵	1kg	332	19	450	150	367	322	136	45	111	97
キャベツ	1kg	99	7	192	133	−	163	194	134	−	165
ほうれんそう	1kg	494	13	500	556	−	528	101	113	−	107
レタス	1kg	211	7	967	660	−	814	458	313	−	386
ばれいしょ	1kg	215	8	250	218	−	234	116	101	−	109
にんじん	1kg	239	9	188	180	−	184	79	75	−	77
たまねぎ	1kg	198	8	175	130	−	153	88	66	−	77
トマト	1kg	480	9	550	250	−	400	115	52	−	83
りんご	1kg	501	23	339	−	446	393	68	−	89	78
バナナ	1kg	200	7	230	250	−	240	115	125	−	120
パイナップル缶詰	340g	134	2	102	−	160	131	76	−	119	98
砂糖	1kg	189	4	90	108	127	108	48	57	67	57
マヨネーズ	500g	291	8	233	270	230	244	80	93	79	84
ビスケット	100g	139	13	−	88	76	82	−	63	55	59
チョコレート	100g	128	12	141	141	143	142	110	110	112	111
ポテトチップス	100g	133	10	−	90	125	108	−	68	94	81
紅茶	25袋	297	4	−	280	280	280	−	94	94	94
インスタントコーヒー	100g	816	9	394	397	450	414	48	49	55	51
29品目加重平均値											95

（日本食品：13品目）

品目	単位	福岡(円)	CPIウェイト	ソウル換算価格（円） デパート	食品スーパー	コンビニ	平均	価格比(福岡=100) デパート	食品スーパー	コンビニ	平均
米	10kg	4189	89	2925	3090	3850	3288	70	74	92	78
もち	1kg	732	8	−	255	−	255	−	35	−	35
まぐろ	100g	319	45	500	450	−	475	157	141	−	149
たらこ	100g	621	15	−	−	−	−	−	−	−	−
はくさい	1kg	103	10	100	55	−	78	97	53	−	76
干ししいたけ	100g	1043	2	1667	−	−	1667	160	−	−	160
干しのり	1帖	282	13	220	200	−	210	78	71	−	74
豆腐	100g	18	37	49	42	−	46	272	233	−	256
納豆	100g	75	10	−	−	167	167	−	−	223	223
梅干し	100g	185	6	−	450	230	340	−	243	124	184
しょうゆ	1000ml	265	5	600	395	660	552	226	149	249	208
みそ	1kg	432	11	500	472	500	491	116	109	116	114
緑茶（せん茶）	100g	529	23	760	716	574	683	144	135	109	129
12品目加重平均値											131
41品目加重平均値											109

資料：日本は総務省「小売物価統計」，「消費者物価指数」
注：1）米の価格は「ブレンド米」を採用。
　　2）ハムの価格は「ロースハム」を採用。
　　3）りんごの価格は「ふじ」を採用。
　　4）パイナップル缶詰のウェイトはミカン缶詰のウェイトである。納豆，梅干し，しょうゆ，みそは日本産。これらを除いた37品目加重平均値は104。為替レートは100円＝1,000ウォン（平成14年3月13日，シンハン銀行における円→ウォンの交換レート）
出所：吉田行郷・足立健一・武田裕紀『韓国の食品市場実態調査報告書』（2002年）の東京との比較表を鈴木宣弘（九州大学）が福岡との比較表に修正したもの

表10　韓国における主要農産物等の関税率

品目	枠内税率（%）	枠外税率（%）	日本関税率
にんにく（生鮮・冷蔵）	50	360% or 1,800won/kg	3
ほうれんそう	27		3
ごぼう	27		2.5
さといも	20,45	45,385	9
生しいたけ	30	30	4.3
乾しいたけ	30		12.8
しょうが	20	377.3 or 931won/kg	2.5,5,9
ねぎ	27		3
ミニトマト	45		3
ブロッコリー	27		3
にんじん	30% or 134won/kg		3
アスパラガス	27		3
かぼちゃ	27		3
たまねぎ（生鮮・冷蔵）	50	135% or 180won/kg	0-8.5
パプリカ	270% or 6210won/kg		3
いちご	45		6
メロン	45		6
すいか	45		6
かんしょ（生, 蔵, 凍, 乾）	20,45	45,385,385 or 338won/kg	12,12.8
ばれいしょ	30	304	4.3
小豆（乾燥）	30	420.8	10%,354円/kg
ごま	40	630 or 6,660won/kg	free
緑茶	40	513.6	17
なし	45		4.8
りんご	45		17
ぶどう	21,45		7.8,17
かき	45,50		6
マンダリン, うんしゅう等（生鮮, 乾燥）	50	144	17
くり（生鮮, 乾燥）	50	219.4 or 1,470won/kg	9.6
豚肉	22.5,25		差額関税
鶏肉	18,20,22.5,27		3,8.5,11.9
牛肉	40		38.5

資料：韓国関税庁HP, 財務省関税局HP

費に占める粗飼料の割合が韓国とほぼ同じで、飼料費にはほとんど差がない。表9からもわかるとおり、牛乳は、小売価格でみると、韓国の方が最も割安な品目の一つになっており、韓国の生産者乳価は600ウォン（60円）（ただし、2005年には730ウォンまで上昇）で、九州までの輸送費が高く見積もっても10円程度だから、関税がなければ、70円程度で輸入可能であり、日本の飲用向け生乳価格90円をかなり下回る。かりに、日韓FTAに生乳が含まれたら

どうなるか。最も近接する九州について影響を試算してみたのが，先の表3（22ページ）である。

　韓国からの輸入量21.4万トン
　九州の乳価　　　86.3円　→　72.3円　▲16%
　韓国の乳価　　　60円　　→　62.3円　＋3.8%
　九州の生乳生産　数年のうちに　87.7　→　61.8万トン　▲30%
　韓国の生乳生産　　　　　　　　234　→　241.8万トン　＋3.3%

という具合に九州酪農にかなり大きな影響が出る可能性がある。

　韓国の200万トン強の生産量は日本全体と比較すれば小さいという見方もあるが，近接する九州との産地間競争と考えれば，けっして小さな量だから問題にならないという議論はできない。

　牛乳・乳製品が完全に例外にできたとしても，何百%の関税があるバターや脱脂粉乳と違い，生乳（未処理乳）はUR前から自由化品目であり，関税率は現在21.3%である。つまり，韓国の60円の乳価と10円程度の輸送費を考えると，現状でも輸入が生じてもおかしくない水準に近づいている。韓国は現状では日本向け生乳輸出は収支トントンの水準と判断している。輸出にあたっては，家畜伝染病予防法上，生乳については非加熱なので，まず，日韓の家畜衛生当局で衛生条件を締結する必要がある。これが非関税障壁の問題と関連してくる可能性がある。韓国では，日本では認可されていない遺伝子組み換えの牛成長ホルモン（bST）が生乳生産に使用されているという問題も浮上する。ただし，一方で，同様にbSTが認可されている米国から輸入されるアイスクリームやチーズはbSTを含むが，表示義務もなく消費者の口に入っている事実がある。

　また，韓国の乳製品関税は40%と我が国よりかなり低いため，加工原料乳市場が海外乳製品に奪われ，加工に向けられない余剰乳問題の解決が大きな課題となっている。飲用比率が8割と高いのはそのためである（ちなみに，我が国の飲用比率が6割というのも乳製品の半分が輸入でまかなわれている結果であり，消費サイドからみた我が国の飲用比率は4割弱で，米国と同水

第1章　FTA評価の視点——FTAの光と影

準であることに注意)。

　なお，韓国側には，中国とのFTAなら製造業において韓国にメリットがあるとの観点から，日韓FTAでなく，日韓中FTAをめざすべきとの意見が根強いが，中国を加えるとなると，日韓両国の農産物生産費と中国との格差が大きすぎるため，チリとのFTAでも農業で非常に苦労した韓国が，中国とのFTAを進められるとは考えにくい。生乳の農家受取価格も中国は20円程度で，近年，一年に400万トン，日本の北海道の生産量分ぐらいが増加するという，驚異的な増産が続いており，近い将来輸出余力を持つ可能性もある。もちろん，日本にとっても，現段階で中国とのFTAとなると，農産物のみならず時期尚早の感が強い。しかし，アジア諸国との連携強化を進める上で中国を除外した議論ができないのも事実である。

　そこで，表3では，かりに，中国も参加して日韓中FTAが成立し，生乳の衛生条件もクリアされたとしたら，どんなことになるかも試算してみた。この場合は中国の「一人勝ち」となり，九州の生産は壊滅的打撃（8割減）を受け，中国から九州への輸入量は，125.7万トンに達し，韓国も大量の生乳を中国から輸入することになる可能性がある。中国の乳価は20円だから，21.3％の関税は全く役に立たない可能性があり，これはFTA以前の問題ということになる。

　ただし，以上は，日中韓の生乳に対する消費者の評価が同じという前提での試算である。問題は日本の消費者の韓国や中国の生乳に対する評価であり，「国産プレミアム」をある程度見込むことができれば，影響は大きく緩和されることも表3に示されている。これは，ちょうど先述のアンケート調査（図師2004）の結果に近い「国産プレミアム」が実現できた場合の試算結果である。日本の消費者の国産への高い評価にさらに応え続ける努力に活路が見いだせることがわかる。

　ここで我々のモデルでは，GTAPモデル等では，国産財と輸入財との代替の弾力性（アーミントン係数）で表現する部分を，「国産プレミアム」を輸入財に対する自由化後も残る取引費用のようにして上乗せする形で表現して

いる点にモデル上の特徴がある⁽注14⁾。

　なお，これらの試算結果は，これまでは飲用乳は海外からの直接的競争がない下で，加工原料乳への支援策だけで，その分だけ飲用乳価も底上げされるという経済現象を利用して，非常に財政効率的に，北海道のみならず，都府県の飲用乳地帯の酪農家所得向上も実現してきた我が国の酪農制度だが，今後，FTA等の進展も勘案し，近隣の中国や韓国からの生乳の流入もありうると想定すると，加工原料乳のみへの支払いで全体を守ろうとする現行の制度体系では不十分になってくる可能性を考えておく必要があることを示唆する。

(b)　日本の生乳・乳製品も韓国・中国へ

　一方で，韓国には，北海道が30〜40円程度のチーズ向け販売よりもソウルへホクレン丸を向かわせる選択を懸念する見方がある。実は，これは日本側にとって，いま重要な選択肢になりつつある。現在，脱脂粉乳在庫の累積で，生乳生産抑制か，チーズ用生乳仕向けの増加かが議論されている。これは北海道だけの問題ではない。北海道は生産抑制は念頭にない。しかし，チーズ向けを増やすと，北海道のプール乳価が下がり，府県との乳価格差が広がる。チーズ向けを増やすより，府県向け生乳移送を増加するか，産地パックを拡大してパック牛乳の府県向け移送を増加する方がメリットがある。どこまで北海道に我慢してもらえるか。これは，新たな「南北戦争」の火種で，府県にとっても大問題と認識しなければならない。

　その一つの解決策として，ホクレン丸がソウルに向かうという選択肢が浮上している。韓国の生産者乳価は73円に上昇しており，ソウルまでの輸送費15円程度，関税36％をかけても，35円程度のチーズ向け乳価よりは高い手取りが確保できる可能性がある。韓国はbSTを使用しているので，non-bST牛乳をキャッチ・フレーズにする選択肢もある。

　さらに，中国は，生乳者乳価は20円程度と非常に低いが，生乳の抗生物質検査が行われていない。抗生物質入り生乳なので発酵せず，ヨーグルトが作れない状態だといわれている。上海の人口1,400万人の7％，約100万人に達

し，さらに増えつつある桁外れの富裕層は，高くても日本の野菜や牛乳を購入したいという。実際，牛乳についての商談が持ち込まれている県酪連もあるという。したがって，non-ペニシリン牛乳をキャッチ・フレーズに上海で日本の牛乳・乳製品を販売する選択肢もありうる。こうして，日韓中の生乳・乳製品市場に産地間競争の時代が到来する可能性がある[注15]。

⑥FTAにおける関税削減と輸出補助金削減とのバランスの確保

　WTOにおいても，関税削減と輸出補助金削減とのバランスの問題がある。これは，関税の定義は明白なのに対して，輸出補助金には「隠れた」輸出補助金が存在するという定義の曖昧さに起因している。FTAでは，関税削減と輸出補助金削減とのバランスの問題は，より深刻である。それは，一つには，関税削減については，FTAは関税撤廃を前提としているからWTOよりも厳しいのに対して，輸出補助金については，やはり定義の曖昧さが残ったままだからである。もう一つには，輸出補助金を原則使用禁止としていても域外の輸出国の補助金付き輸出に対抗する使用は認めることになっているため，実質的には野放しになってしまう危険性である。

　輸出補助金の定義に関する問題をWTOとの関連で解説する。2004年7月のWTOの枠組み合意では，あらゆる形態の農産物輸出補助金を全廃することが合意されたが，これは本当に実現できるのだろうか。実はその道筋は険しい。

　なぜなら，第一に，米国の穀物等への国内支持政策は，本来輸出補助金に分類されるべきであるが，国内政策として分類され，しかも，その一部は，「青」（当面は削減対象外）の政策等として，削減対象にも含まれない可能性がある。この米国のダンピング穀物輸出は，NAFTAでもたいへんな問題になった。

　第二に，豪州やニュージーランドの「隠れた」輸出補助金は，文言の上では，撤廃の対象にすることになったが，それを計算して削減対象に加えるための手法がまだ確立されていないし，豪州やニュージーランドは「隠れた」輸出補助金ではないと主張し続け，統計データの提出にも協力しようとしな

いからである。

(a) 米国からのダンピング輸出は正当か――メキシコの怒り

NAFTA発効後10年目の2003年に，多くのセンシティブ品目の完全な関税撤廃の時期を迎えて，メキシコが揺れた。米国からの安い農産物の洪水がメキシコの貧しい農家の生活を破壊する，という危機感からNAFTA協定の見直しを訴える農民運動が起こったのである。問題は，米国農産物の安さが実質的な輸出補助金によって可能になったものだということである。

米国の穀物の価格形成システムを，日本のコメ価格水準を使ってわかりやすく図示すると，図4のようになる。ローンレート1.2万円／俵，固定支払い2千円／俵，目標価格1.8万円／俵とすると，政府（CCC）にコメ1俵質入れして1.2万円借りて国際価格水準4千円／俵で売った場合，4千円だけ返済すればよく（マーケティング・ローンと呼ばれる），さらに，固定支払い2千円／俵が支払われる。さらに，目標価格1.8万円／俵と「ローンレート＋固定支払い」との差額4千円／俵も支給される（countercyclical支払い＝いわゆる「復活不足払い」）。ローンレート制度を使っていない場合は，4千円／俵で売ったら，ローンレートとの差額8千円／俵が支給される。端的に言えば，輸出可能な価格水準4千円と米国農家の生産費を保証するための目標価格1.8万円には1.4万円という大きな開きがあり，結局それが3段階の手段で政策的にすべて補填されるのである。この1.4万円の補填全体が大きな輸出補助金といえる。

こうしたシステムを利用して，メキシコ人の主食ともいえるトウモロコシが，米国の正当な価格競争力を反映していないダンピング価格によって大量に輸入され，メキシコの小農の生活を破壊することが許されていいかどうか，という問題である。

そもそも，NAFTAでは，輸出補助金について，「原則として輸出補助金を使用すべきでないという文言が含まれているものの，これに拘束力はない」（Kaiser, 2003）といわれており，輸出補助金の使用が曖昧にされている。メキシコは関税をゼロにするのに，米国の輸出補助金は実質野放しというのは，

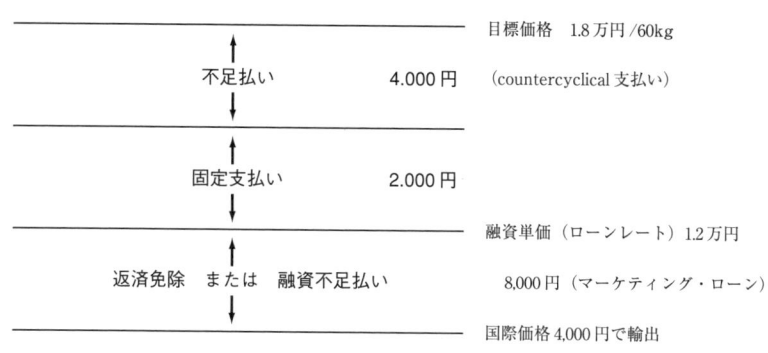

第1章　FTA評価の視点——FTAの光と影

図4　米国の穀物等のダンピング輸出システム（日本のコメ価格で例示）

```
─────────────────────────────────    目標価格　1.8万円/60kg
       ↑
     不足払い        4,000円       （countercyclical支払い）
       ↓
─────────────────────────────────
       ↑
     固定支払い       2,000円
       ↓
─────────────────────────────────    融資単価（ローンレート）1.2万円
       ↑
  返済免除　または　融資不足払い
       ↓                          8,000円（マーケティング・ローン）
─────────────────────────────────    国際価格4,000円で輸出
```

資料：鈴木宣弘・高武孝充作成。

確かにおかしな話である。米チリFTAの条文でも，輸出補助金は原則使用禁止だが，第三国がチリに対して補助金付き輸出をしていれば米国も輸出補助金を使えると記されており，結局使用禁止は事実上「有名無実」になっている。

　しかも，WTO上も，このシステムは，輸出補助金としての削減対象に認定されておらず，国内支持として分類されているため，これまでも緩い削減ですまされてきた。さらに，「countercyclical支払い」については，今後の削減対象にもならない可能性がある。「countercyclical支払い」は，生産量は何年か前の水準を基準としているが，価格は現状とリンクしているから，「黄」（削減対象）の政策といわざるを得ないと考えられたが，「青」（当面削減対象から外す）の政策の要件に，「生産調整を伴わなくても，現在の生産に関連しない（つまり，過去の面積に基づいた支払いで，現在，何をつくっても，またつくらなくてもよい）」政策，というのをEUとの合意で入れ込んで，削減義務自体を回避しようとしているのである。しかし，これに対しては，さすがに，ブラジル等が反発し，決着は今後の交渉にゆだねられることになっている。また，「固定支払い」は，デミニミス（最低限）の政策（補助額が生産額の5％以内）として削減を回避してきたが，今後はデミニミスは削減対象にはなることが，WTOの枠組み合意で決定された。

このようにして，実質的な輸出補助金である米国の穀物等への国内政策は，輸出補助金の全廃が約束されたこととは無関係であるかのように，今後も，そう簡単に廃止される見込みはないのである。

(b) 豪州，ニュージーランドの輸出補助金も全廃できるか

WTOの枠組み合意で，豪州やニュージーランドの「隠れた」輸出補助金である輸出国家貿易による輸出補助機能も撤廃の対象とすると明記され点は画期的であるが，これを約束事項として現実に実施するためには，輸出国家貿易による輸出補助機能を計量する統一的で実用的な手法が必要である。

輸出国家貿易による隠れた輸出補助金は，WTO上「クロ」の輸出補助金が生産者価格と輸出価格との差を財政（納税者）が負担するのに対して，国内価格あるいは一部の輸出先の価格を高く設定することによって，消費者への隠れた課税を輸出補助金の原資としているものである。これは，納税者負担か消費者負担かの違いだけで，経済学的には，同等の輸出補助金として定義できるが，現行WTO上は，消費者負担の場合は，「灰色」または「シロ」であった。

図5に，2つのタイプの輸出補助金を比較してある。図5(b)で，生産者は加重平均（プール）価格を受け取るが，輸出価格はそれより低く，図の薄い四角形の面積の額が補助されていることになるが，その面積は濃い四角形の面積に等しく，国内消費者が負担していることになる。つまり，通常の輸出補助金の場合は，図5(a)のように政府（納税者）が負担する薄い四角形部分の額を，この場合は消費者が負担するので，これを「消費者負担輸出補助金」と呼ぶことができる。そして，この面積の額を輸出補助金相当額（ESE: Export Subsidy Equivalent）と定義できる。

図5のタイプの消費者負担型輸出補助金は，カナダの乳製品輸出によく当てはまる。豪州やニュージーランドの場合は，国内向けと輸出向けとの「価格差別」ではなく輸出市場間の「価格差別」を行っているので，図5を少し読み替える必要がある。「消費者負担輸出補助金」の定義を広くして，例えば，日本に高く売って中国に安く売るような場合に，日本の消費者が補助金

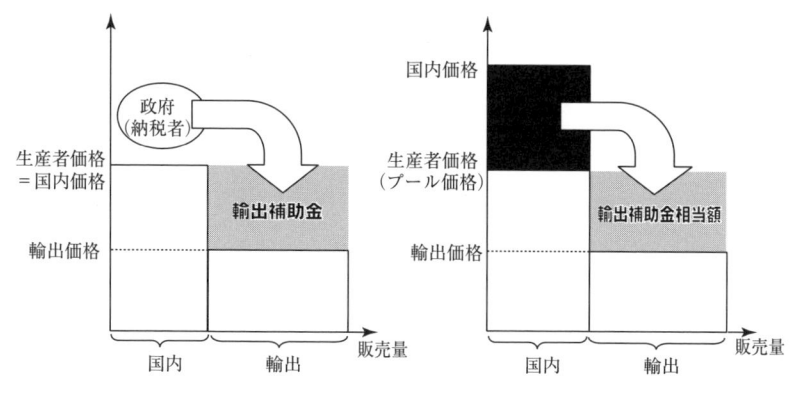

第1章　FTA評価の視点——FTAの光と影

図5　WTO上の輸出補助金と消費者負担輸出補助金

(a) WTO上の（政府負担）輸出補助金
(b) 消費者負担輸出補助金

資料：鈴木宣弘・木下順子作成。

を提供していると考えれば，ニュージーランドと豪州の輸出も「消費者負担輸出補助金」に該当する。これは，図5(b)で，「国内」と「輸出」と書いてあるのを，「外国1」と「外国2」というふうに読み替えればよい。

米国の用途別乳価制度（FMMO）では，カナダの国家貿易による用途別乳価制度のように輸出向けの価格帯を設けてはいないが，飲用乳価を高く維持することによって，加工原料乳価を引き下げ，乳製品の輸出が促進されている。この場合は，プール乳価と加工原料乳価との差に輸出に回された加工原料乳数量を乗じた額をESEと考えることができる。

このように，米国，カナダ，豪州，ニュージーランドは，様々なケースの消費者負担型の「隠れた」輸出補助金をうまく活用しているが，これらはESEという形で統一的に計量が可能なのである。筆者らのESEの定義と計測方法に関する提案ペーパー（Suzuki et al. 2004）は日本の所属する交渉グループG10を中心に配布され，WTOの会合でも検討されているようである。しかし，これに対して，他の国々が隠れた輸出補助金を多く活用していることを糾弾してきたEUは賛意を示す一方，都合が悪くなるカナダや豪州は拒否反応を示しているのである。

したがって、実際には、豪州やニュージーランドの輸出国家貿易による隠れた輸出補助金を撤廃できる目処は立っていないのである。世界で最も競争力があり、農業保護が少ないといわれる豪州やニュージーランドでさえ、このような補助金を使っており、しかも、他の国々には保護削減を厳しく求める一方で、自らの補助金については、データの提供さえ拒否して抵抗している。これが世界の農産物輸出市場の実態だということを我々はよく認識した上で、日本の関税削減、さらには、農産物輸出促進策や食料援助政策も考える必要がある。

以上からわかるように、FTAにおいて関税削減と輸出補助金削減とのバランスを確保するためには、FTA締結時に輸出補助金の定義を厳密に詰めた上で、域外の輸出国の補助金付き輸出に対抗する使用は認めるようなループホールを設けないように注意する必要がある。

(3) その他の弊害への対処

FTAの増大とともに、締結国間で、品目ごとに異なる関税削減ルールや原産地規則が錯綜することによる弊害をコロンビア大学のバグワティ教授が「スパゲティ・ボウル現象」（Panagariya, 2000）と呼んだが、特に、原産地証明の事務の増加は、FTAのコストとして深刻化している。業界関係者の間では、3％以下の関税の品目では、関税撤廃のメリットよりも原産地証明に伴う経費の方が大きいという見方がある。この克服には、とにかくFTA間で原産地規則の簡素化と統一を図る努力をするしかない。

しかし、実際には、そうした簡素化はなかなか進んでいない。NAFTAにおいては、例えば米国は、EUからメキシコに輸入された粉乳で生産されたヨーグルトの米国への迂回輸出を阻止する必要があるため、原産地規則として、①原材料輸入時の関税分類が加工過程によって変更されること（関税分類の変更）、または、②財の取引価格に基づいた現地調達率が60％以上、または、③財の純費用に基づく現地調達率が50％以上、が「北米産」と認める

第1章　FTA評価の視点——FTAの光と影

基準として採用された[注16]。

　比較として，日シンガポールFTAでは，「関税分類変更基準」（関税分類が大幅に変更されれば，当該国製品とみなす）を原則として，一部品目に「付加価値基準」の選択的適用を認め，当該商品価格の60％以上がシンガポールで付加された価値なら，シンガポール産と認めることになっている。60％というのは，比較的高いハードルである。豪・ニュージーランドFTAでは50％，シンガポール・ニュージーランドFTAでは40％である（山本2003）。このように，FTAによって，原産地規則もまちまちであり，FTAの増加によって，様々な原産地規則が錯綜し，原産地証明事務のコストは急速に上昇してきているのが実態である。

　関税削減ルールの錯綜も深刻である。例えば，NAFTAだけでみても，NAFTAは三カ国の協定といっても，農産物については三カ国共通でなく，3種類の二国間協定からなるため，約束事項の錯綜が甚だしいものとなっている。どの品目を含むかに加えて，様々な移行期間の関税割当のスケジュールが組み込まれている。例えば，米国・メキシコ間の乳製品の場合，粉乳を除いて10年間の関税割当の後に無関税にすることとされた。具体的には，米国はメキシコからのチーズ輸入に対して，当初5,500トンの無関税の輸入枠を設定し，それを超える分については69.5％の関税をかけた。無関税輸入枠は毎年3％ずつ拡大され，関税は10年間のうちにゼロにすることとした。メキシコは米国からのチーズ輸入に対して，無関税の輸入枠は設定せず，20～40％の関税を課して，これを10年間にゼロとすることとした。また，メキシコは米国からの脱脂粉乳輸入に対して，当初40,000トンの無関税の輸入枠を設定し，それを超える分については139％の関税をかけた。無関税輸入枠は毎年3％ずつ拡大され，関税は10年間のうちにゼロにすることとした。以上のような具合である。

　いずれにしても，原則ゼロ関税を早期に達成するというFTAにおける関税撤廃スケジュールがWTOの関税削減スケジュールとは別に，FTAごとに，品目ごとにいくつも設定されることになってくる。FTAが「乱立」すると，

国境措置の削減に関する国際的約束も混乱することになる。差別的な待遇が入り乱れることは，早晩，無差別の公平性を追求するWTOの重要性を再認識させる可能性がある。

7．小括

　農産物には，国家安全保障，地域社会維持，環境保全等といった多面的機能があることを考慮すると，各国が一定水準の農業生産を確保する正当な根拠があり，WTOであれ，FTAであれ，そのような外部効果を考慮せずに農産物の貿易自由化の利益を単純に肯定することはできないという特質がある。その点を踏まえた上で，WTOとFTAを比較した場合のFTAの問題点は，特定の相手国のみを優遇することによって生じる様々な「歪み」であり，かつ，WTOのような保護の「漸次削減」ではなく，「即時撤廃」を原則とするから，その歪みは大きくなりがちである。

　一方で，我が国にとって，東アジア諸国との連携強化によって，アジアとともに持続的な経済発展を維持し，国際社会における政治的発言力を強化する必要性も認識されている。こうした中で，できるかぎり歪みを小さくするように，つまり，結局WTOの精神を反映した形でFTAを推進することが求められている。

　また，アジアとともに発展することが日本の活路とすれば，日本が一人勝ちするようなFTAを押しつけようとしては，逆に信頼関係を損ねてしまう。アジア農村には，いまだ深刻な貧困問題があり，アジア諸国間には100倍もの所得格差が存在する。こうした現実の改善に貢献することが，アジアのトップ・ランナーとしての日本の重要な役割であり，それによって日本の将来も開ける。しかし，トータルとしての効率性を追求するだけのFTAでは，貧困人口や所得格差をむしろ拡大する危険性もある。

　したがって，FTA形成にあたっては，歪みの緩和とともに，Equitable distribution of wealthへの配慮が重要な視点になる。FTAに伴う様々な相反

第1章　FTA評価の視点——FTAの光と影

する利害を調整し，FTA形成による痛みを和らげ，アジア農村の貧困を緩和し，アジア諸国間の100倍もの所得格差の緩和に資するようなFTAにするにはどうしたらよいだろうか。それは，基本的には，FTA利益の包括的な再配分システムと困窮層への支援・協力システムをFTAの枠組みの中に取り込むことによって可能になると考えられる。

その意味で，EU形成でドイツが果たした役割には学ぶ点がある。ドイツがEU予算に最大の拠出をし，それを南欧の国々が受け取る形で差し引き赤字になりながらEU統合に貢献してきたように，東アジア全域FTA形成で損失が生じる国やセクターの痛みを緩和するために，GDPに応じた加盟各国の拠出による東アジア全域FTAの共通予算を活用するシステムの青写真を我が国が提示する必要があろう。食料・農業については，EUのCAP（Common Agricultural Policy）を参考にした「東アジア共通農業政策」の具体的枠組みを我が国が中心となって検討する必要があろう。

「東アジア共通農業政策」の最も基本的な部分は，各国がGDPに応じた拠出による財源（基金）を造成し，国境の垣根を低くしても，生態系や環境も保全しつつ，資源賦存条件の大きく異なる各国の多様な農業が存続できるように，その共通予算から，共通のルールに基づいて，必要な政策を講じるというものと考えられる。これに加えて，規格や検疫制度，種苗法の調和等という制度の共通化も重要な側面である。さらに，食料安全保障についても，一国だけでなく，東アジア全体で考えるという視点が可能であり，我が国のWTO提案として出された国際穀物備蓄構想の具体化として，我が国が，すでに主導的に進めている東アジア米備蓄システムの構築事業は，それに通じるものと位置づけることができる。

こうした域内国の共通財源の造成とその活用システムについては，これまでは，非現実的なものとみなされる傾向にあり，具体的なイメージも浮かばない状況であったが，具体的な議論のたたき台になるような試算は十分に可能であると我々は考えている。この点についての理論的・実証的研究を早急に積み上げることを，我々の次の目標としたい。

（注1） 例えば，メキシコでの自動車産業における日本企業の不利な取扱いがしばしば指摘された。メキシコはNAFTAだけでなくEUともFTAを結んでいる（日墨FTAが2005年4月に発効する以前において，メキシコのFTA締結国は32ヶ国，世界のGDPの60%に及んでいた）ため，米国やEU資本の自動車工場は本国からメキシコにエンジンを無税で入れることができるが，日本のエンジンを持って行くと一定の税金（16%程度）がかかった。それで日本の企業のメキシコ工場は競争力を失い，閉鎖され始めた。それに伴い，その部品を作っていた日本の地方都市の下請工場も閉鎖されて，地方経済が深刻な打撃を受けるといった具合である。経済産業省はメキシコとのFTAが遅れることによる逸失利益は毎年4,000億円と試算していた。

ただし，内閣府の試算によると，図2のように，GDP押し上げ効果でみたFTA相手国の順位付けでは，試算対象17カ国中，メキシコが10位，チリが16位，シンガポールが17位と，FTAのハブ国として重視し，我が国のFTA第一号となったシンガポール（2002年1月），第二号のメキシコ（2005年4月）の順位は実は低い。チリとは，2005年1月から産官学共同研究会を開始している。

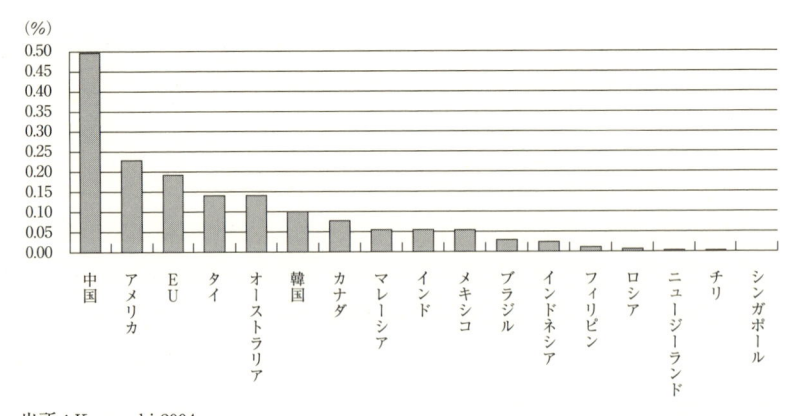

図2　日本のGDP押し上げ幅（%）でみたFTA相手国ランキング

（グラフ：中国、アメリカ、EU、タイ、オーストラリア、韓国、カナダ、マレーシア、インド、メキシコ、ブラジル、インドネシア、フィリピン、ロシア、ニュージーランド、チリ、シンガポール）

出所：Kawasaki 2004。

（注2） これは，未公表の静学的シミュレーション結果による。動学的効果，特にFTAによる「生産性向上」効果をGTAP等のシミュレーションに加味すると，日本にとっての利益も当然高まる。動学的効果の認識は重要ではあるが，その仮定の仕方により試算結果が様々に調整される側面があるため，FTAの効果は，現在の構造を前提とした静学的シミュレーション結果をベンチマークにして動学的要素を加味した試算は参考にする方が望ましいと思われる。

(注3) ただし、短絡的に低関税品目だから影響は小さいと判断するのは危険である（野菜の関税撤廃の影響試算については本書第6章参照）。例えば、銅の関税は実質1.8％程度とかなり低いが、銅関連産業の利潤率は極めて低いため、わずかな価格低下でも産業の存続に甚大な影響があるとして、日チリFTAでは関税撤廃を困難視する見方がある。なお、最終製品のゼロ関税と原料農産物との関係にも注意しなくてはならない。乳製品の例だが、カナダは、NAFTAにおいても、WTOの場合と同様、酪農の競争力がないので、米国に対して牛乳・乳製品の除外（GATT交渉の方を尊重）を強硬に主張し、勝ち取った。しかし、これには一つの誤算があった。それは冷凍ピザやお菓子といった乳製品を使った最終製品のゼロ関税（1998年から）だった。ピザの例でいうと、高いカナダ産のモツレラ・チーズの需要がなくなってしまうのである。そこで、カナダ政府は、モツレラ・チーズの生産メーカーの要請に応えて、二次加工用のチーズ向け生乳について、特別に安い（米国並み）価格帯をつくった。菓子製造用乳製品についても同じである。つまり、輸入代替用途に仕向けられる生乳について酪農家は低価格を受け取るのである。この低価格によるロスは、全カナダの酪農家でプールされ、平等に負担される。輸出競争力確保のための低価格部分も含めて、全体の15％がこの低価格帯（スペシャル・クラス）生乳である。カナダでは、WTOの方は当分大丈夫としても、NAFTAの影響で、メーカーからのスペシャル・クラス生乳の申請が増加すると、この「15％」が次第に拡大し、結局、なし崩し的にカナダの生乳価格が下落する可能性がある。このように、中間財に使われる農産物については、最終製品のゼロ関税が、重くのしかかってくることも十分視野に入れておかないといけないのである。

(注4) 食料自給の国家安全保障上の重要性については、米国のブッシュ大統領の最近の発言が示唆的である。ブッシュ大統領は、近年、米国の農家向けの演説で、食料自給と国家安全保障の関係について、しばしば言及している。まず、Australian Financial Review誌によると、2001年1月に、「食料自給は国家安全保障の問題であり、それが常に保証されている米国は有り難い」（It's a national security interest to be self-sufficient in food. It's a luxury that you've always taken for granted here in this country.)、7月には、FFA（Future Farmers of America）会員に対して、「食料自給できない国を想像できるか、それは国際的圧力と危険にさらされている国だ」（Can you imagine a country that was unable to grow enough food to feed the people? It would be a nation that would be subject to international pressure. It would be a nation at risk)、さらには、2002年初めには、National Cattlemen's Beef Association 会員に対して、「食料自給は国家安全保障の問題であり、米国国民の健康を確保するために輸入食肉に頼らなくてよいのは何と有り難いこと

か」(It's in our national security interests that we be able to feed ourselves. Thank goodness, we don't have to rely on somebody else's meat to make sure our people are healthy and well-fed.) といった具合である。まるで日本を皮肉っているような内容である。なお，コメの国家安全保障上の重要性は論を待たないが，世界の多くの国々が砂糖貿易に規制を加えていることからもわかるように，砂糖にも同様の重要性が指摘できることに留意されたい。砂糖の国民一人当たり摂取量が7kgを下回ると暴動等が発生し社会不安に陥ることが世界的にデータで確認されているという（農畜産業振興機構における砂糖制度に関する意見交換会での情報）。日本の現在の国産供給はちょうど7kg程度なので，現状の国内生産水準を維持することがナショナル・セキュリティ上不可欠という論拠が一応成立する。

（注5）水産物については，資源管理の必要性の観点から，WTO上も農産物のような「例外なき関税化」は適用されておらず，IQ（輸入数量割当）制度が認められている。それに該当する品目についてはIQ制度を前提にして，可能な輸入アクセス改善策を議論するのが現実的な選択肢と考えられる。この関連では，韓国ノリの問題がこじれている。韓国産の味付けノリの日本での人気は大きいのは確かで，韓国側は，いきなり枠の廃止は求めないとしつつ，より大胆な枠の拡大を要望してきていた。日本も毎年着実に枠拡大を行う形で努力していたが，消費者にも訴えやすい事案だけに象徴的な問題にならないよう，さらなる配慮と調整が必要だと，筆者もかねてより指摘してきた。残念ながら日本が従来韓国のみに提供していたノリの輸入枠を中国にも開放したため，韓国のWTO提訴という事態に発展した。養殖ノリは魚類と違って資源管理の必要性が弱いのでWTOのパネル裁定で日本のIQが否定される可能性がある。しかし，韓国にとってもIQがなくなり中国との競争にさらされるよりは韓国枠を維持できた方が実は得策なため，IQ枠の拡大で解決できる余地は残っている。ただし，日本側の提示水準と韓国側の要求水準の開きは大きい。

（注6）もちろん，関税が高くとも，世界で最も効率的な輸出国とFTAを結ぶ場合には，貿易転換は生じないが，それは政治的に最も困難な選択肢である。

（注7）「なお，域内関税の全廃は，資源配分の効率性を向上させる可能性が高い反面，域外向け関税とのギャップを最大にすることから，多角的な貿易障壁削減が伴わなければ貿易転換を引き起こす危険性も高めてしまう恐れがあることに注意してほしい。」（木村・安藤（2002）の117ページ。）

（注8）GATT24条において，「実質上のすべての貿易について」関税その他の制限的通商規則が協定国間で妥当な期間内に廃止され，かつ域外国に対しては貿易障壁を従前よりも高めてはならないことを条件にFTAの存在を認めているのは，究極的には「国が合併して一国になる」ならやむを得ないという意

第1章　FTA評価の視点——FTAの光と影

味合いと考えられる。FTAの「差別性」に伴う世界貿易の歪曲性，それによる経済厚生の損失を小さくするという視点からGATT24条をみると，「実質上のすべての貿易について」廃止を条件とした意図は，有利不利で相手によってFTAに入れる品目を選択するのは，貿易の歪曲度を高める（貿易転換効果を大きくする）ことになるので，これを緩和することにあるといえる。端的な実例は米国のFTA活用方法に見られる。例えば，国際的には競争力のない米国乳製品であるが，メキシコとなら勝てるため，メキシコとのFTAでは乳製品をゼロ関税とし，最も米国が排除したい豪州とのFTAでは乳製品を実質除外するといった具合にして，本来競争力のない米国乳製品の輸出拡大に成功している。

　なお，実際には，「実質上のすべての貿易」に明確な基準（90％ならいいのか，量・額・品目数等のどれで測るのか等）がないため，関税撤廃の例外品目，10年とか15年といった関税撤廃までの様々な段階的削減のスケジュールを設ける品目が，各FTAによって，品目も方法も様々に入り乱れているのが現状である。WTOに通報されたFTAのどれ一つもGATT24条に整合的かどうかの判断はまだなされていない。つまり，WTOで認知されたFTAというのはまだないのである。一応の解釈としては，「貿易額の90％以上，期間は10年以内」というのが，一般的な基準として存在している。ただし，「10年以内」というのはWTOにおける1994年の了解事項となっているが，「90％以上」はEUの提示している基準であって，WTO全体における了解事項ではない。詳しくは，本書第1章補論参照。また，現状の貿易額（量・品目）を基準にするのも問題がある。なぜなら，禁止的関税があるため現状の貿易がないような品目が，分母から除外されてしまうからである。

（注9）端的な例を示す。世界が日本と米国の二国から形成され，生産物はコメのみとする。輸送費は無視する。二国しか想定しないので，FTAの事例にはならないが，農産物貿易における国際価格上昇の可能性を示すものである。

　　日本のコメ需要関数 $D = 1530 - 17P$
　　日本のコメ供給関数 $S = 155 + 33P$
　　米国のコメ需要関数 $Dw = 850 - 20P$
　　米国のコメ供給関数 $Sw = 25 + 40P$

　（ここで，D, Dw は日米のコメ需要量，S, Sw は日米のコメ供給量，P はコメ価格，需要・供給量の単位は万トン，価格の単位は万円／トン）とする。まったく保護がない場合，国際（輸出・輸入）価格も国内価格も20万円／トンである。いま，日本のみ，輸入関税を従量税で10万円／トン課した場合の均衡は，米国の国内価格，輸出・輸入価格は15.45万円／トン，日本の国内価格は25.45万円／トンである。この場合，日本が関税撤廃すると，消費者余剰の増加が関税収入の減少を279億円上回り，日本の厚生はやや改善する。しかし，

いま，日本の輸入関税10万円／トンだけでなく，米国が輸出補助金10万円／トンを課している場合の均衡を考えると，米国の国内価格20万円，輸出価格10万円，日本の輸入価格10万円，日本の国内価格20万円／トンである。双方の措置が撤廃されても，両国の国内価格は変わらないので，日本にとっては，消費者余剰の増加はなく，関税収入の減少額3,750億円が，そのまま市場開放による経済厚生の損失になる。なお，このケースの場合，世界全体の経済厚生は，世界が保護を完全に撤廃しても，まったく変化しない点にも注意されたい（図3）。輸出補助金に対する相殺関税が「完璧に」設定されたケースといえる。3国モデルによる議論は本書第2章参照。

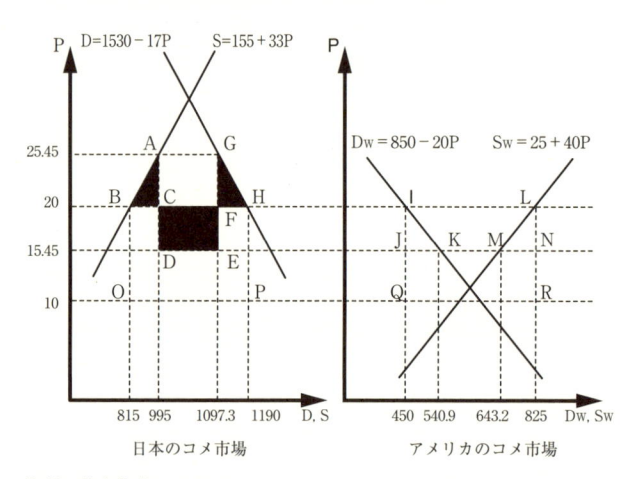

図3　農産物の貿易自由化で経済厚生が悪化するケース

資料：鈴木作成。

（注10）サービスやそれに伴う人の移動の自由化はアジア各国が日本とのFTAに期待している大きなポイントであり，具体的には，韓国やフィリピンから看護師，タイからマッサージ師を派遣したいといった要望がある。当初日本側は，まったく聞く耳も持たない対応をしていたが，日比FTAでフィリピンからの看護師等の受入れ条件の大幅緩和が表明されたのは大きな情勢変化であった。しかし，産業界には「ビジネスは活発化したいが，日本社会の混血化は望まない」といった声もあるように，人の受入れは国民的な合意が必要な大きな社会問題であるにもかかわらず，十分な国民的議論が行われていない状況はいまだ改善されていない。なお，農業サイドで考えてみると，人件費の格差が日本農業とアジア諸国の農産物生産費格差を大きくする最大の要因となっている，つまり，労働力がより自由に移動できるようになれば，アジア各国

第1章　FTA評価の視点──FTAの光と影

からの労働力により，日本農業の競争力が強化できる可能性がある。したがって，FTAによる人の移動の自由化を積極的に活用することで日本国農業の担い手不足解消と競争力強化を図るという選択肢もありうる。これは，すでに実態的に進みつつある状況の法的・制度的な公的追認の側面もあり，それによって受入れがきちんとした形で促進されることが期待される。

(注11) ただし，そこまでして日韓FTAを締結する意味はないというのが一部の日本政府，財界関係者の見解でもある。

(注12) ただし，品質も属性もまったく同じ財であっても，不完全競争下では，双方向貿易が発生する点も注意されたい。数値例による試算は付録1，より実証的な試算例は，本書第3章補論参照。

(注13) 日本農業にとって積極的にFTAを活用できる側面として，知的財産権の保護強化による日本農産物ブランドの確立がある。例えば，福岡のいちごの「あまおう」等，日本で開発されたブランド品種の保護を強化できるという点である。具体的には，現在韓国はUPOV（植物新品種保護国際条約）の完全適用に向けての10年間の移行期間中にあり，日本に比べて保護対象作物の範囲が狭い。例えば，韓国では，いちごは未だ商標登録の対象に含まれていない。FTAを機に韓国のUPOV完全適用を前倒しして，一気に両国のレベルを揃えることを要請できると考えられる。

(注14) GTAPモデルによる自由化の影響試算で，決定的な影響力を持つのが，当該品目のアーミントン係数であり，GTAPモデルでは，アーミントン係数が比較的小さく設定され，つまり，国産財の「差別化」が進んでいるという想定になっており，自由化の影響は過小に試算されるきらいがある。なお，GTAPモデルでは，関税や輸送費で説明できない内外価格差を「非関税障壁」とし，それを関税率に置き換えて表示し，自由化後にはその「非関税障壁」も消滅すると仮定している。したがって，本来は自由化後も残る「国産プレミアム」部分がなくなる形で，自由化の影響が過大に評価される側面もあることになる。

　　GTAPモデルでは，アーミントン係数に関する批判に対応して，実証分析結果をできるかぎり活用して，その見直しを進めており，最新版では，全般的に農産物の数値が大きくなってはいる。アーミントン係数は，国産品と輸入品（総体）との代替の弾力性を示すシグマDと，輸入品同士の間での代替の弾力性を示すシグマMの二段階があり，旧版では，農産物のほとんどが，シグマD＝2.2，シグマM＝4.4と一律に設定されていた。新版では，水稲についてはシグマD＝5.1，シグマM＝10.1というように，品目ごとに違う値が設定されている。しかし，シグマDはシグマMの半分という設定方法はそのままであるし，国ごとに値が違う可能性は全く考慮されていない。アーミントン係数を変更した場合のシミュレーション結果のセンシティビティについては，結

果の相対関係は変化しないとの見解もあるが，国ごとに違う値をとる可能性を考慮すれば，結果のプラス，マイナスの逆転も十分起こりうることに留意する必要がある。

(注15) ところで，多くの乳製品輸出国は，直接・間接の輸出補助金をふんだんに使うことで，輸出や援助を成立させていることも認識する必要がある。特に，EU，カナダ，米国は手厚い保護の結果として生じた余剰をダンピング輸出している。豪州さえも「隠れた」輸出補助金を使用しているが，それを認めようとしないのである。なお，米国は乳製品の海外での精力的な販売促進活動へも政府資金をかなり投入している。これも隠れた輸出補助金といえなくもない。さらには，世界の8億5千万人の栄養不足人口を救う援助米や乳製品をなぜもっと出せないのかという問題もある。世界の貧困と飢餓の解消は日本の使命である。輸出補助金を多用する他の輸出国の声を恐れる必要はないであろう。「二重補助」になるとの指摘もあるが，行政・法律技術的な発想に縛られすぎると物事の本質を忘れる危険がある。

(注16) 外務省 (2003)。「取引価格方式」は，現地調達比率＝(財の取引価格－非北米産の原材料価格)／財の取引価格，「純費用方式」は，現地調達比率＝(財の純費用価格－非北米産の原材料価格)／財の純費用価格。北米産にしてゼロ関税を獲得するために，日本企業も従来日本から調達していた部品をNAFTA域内からの調達に切り替える行動が起こった。このように，原産地規則はまさに経済活動の域内完結化＝ブロック化，域外閉め出し効果を発揮する。

参考文献

Choi, Sei-Kyun, "Effects of Korea-Japan FTA on the Korean Agricultural Sector: Evaluation and Strategy," Seoul: Center for Agricultural Policy, Korea Rural Institute, 2002.

荏開津典生『農政の論理をただす』，農林統計協会，1987年。

福田晋『東アジアにおけるフードシステムの交差』，九州学術出版振興センター，2004年5月。

原洋之介『展望・東アジア共同体——経済制度の調和がカギ』日本経済新聞・経済教室，2003年12月8日，p.25。

服部信司「FTAをめぐる問題と課題——日・タイFTAを中心に」『農村と都市をむすぶ』No.624，全農林労働組合，2003年，pp.28-39。

逸見謙三『13億人の食料——21世紀中国の重要課題』大明堂，2003年。

堀口健治・福田耕治『EU政治経済統合の新展開』早稲田大学出版部，2004年。

本間正義「自由貿易協定推進における農業問題」『農業と経済』第69巻2号，2003年2月，pp.67-76。

第1章　FTA評価の視点——FTAの光と影

石川城太『FTA戦略と日本——「副作用」も認識し慎重に』日本経済新聞・経済教室, 2003年7月24日, p.25.

石田信隆「韓国農業の現状と日韓FTA」『農林金融』2004年7月, pp.2-20。

磯田宏「価格・所得政策からみた米政策改革」, 農業問題研究学会2004年春季大会報告原稿, 2004年3月29日。

泉田洋一『農村開発金融論——アジアの経験と経済発展』, 東京大学出版会, 2003年12月。

岩本純明「アジアの農村開発と持続可能性——インドネシアからの発信」『科学』2003年7月号, 岩波書店, 2003年。

Japan-Korea FTA Joint Study Group, *Japan-Korea Free Trade Agreement Joint Study Group Report*, October 2, 2003.

外務省『北米自由貿易協定（NAFTA）の概要』, 2003年6月。

加賀爪優「停滞するWTOと錯綜するFTAの下での農産物貿易問題」『農業と経済』2003年10月号別冊, pp.48-63。

梶井功・谷口信和（編集）『米政策の大転換』（日本農業年報50巻）, 農林統計協会, 2004年。

Kaiser, H.M., *Free Trade Agreements and the United States Dairy Sector*, 2003.

Kawasaki, Kenichi, *The Sectoral and Regional Implications of Trade Liberalization*, Paper presented at the ESRI Asia Workshop on Economic Modeling, Bangkok, November 30, 2004.

経済産業省『通商白書』各年版。

木南章・木南莉莉「1980年代以降の東アジアにおける加工食品貿易——国際産業連関表に基づく分析」『2002年度日本農業経済学会論文集』, 2002年, pp.302-307。

金慈景・豊智行・福田晋・甲斐諭『韓国における施設野菜の成長と農家の経営分析』2003年度九州農業経済学会大会個別報告資料, 2003年。

木村福成『国際経済学入門』日本評論社, 2000年。

木村福成・安藤光代「自由貿易協定と農業問題」『三田学会雑誌』95巻1号, 2002年4月, pp.111-137。

木村洋一「NAFTA（北米自由貿易協定）が農産物貿易に与えた影響」『農林統計調査』2003年5月, pp.18-26。

小林弘明『わが国農政転換の国際的枠組み——WTO体制への調和, FTAとその影響に関して』日本農業経済学会シンポジウム報告資料, 2004年。

Krugman, P., "Is Bilateralism Bad?" in *International Trade and Trade Policy*, edited by E. Helpman and A. Razin, Cambridge, Mass.: MIT Press, 1991, pp.9-23.

Mukunoki, Hiroshi, "On the Optimal External Tariffs of a Free Trade Area with

Internal Market Integration," *Japan and the World Economy*, 16(4), December 2004, pp.431-448.

永岡洋治「国内生産調整政策一辺倒から世界に目を向けた政策へ」『Dairyman』2004年3月号，p.30-31。

村田武『WTOと世界農業』，筑波書房，2003年。

農林水産省『自由貿易協定を巡る各国との議論の状況と今後の対応』，2003年。

大賀圭治「東アジアにおけるFTAの役割」『食料政策研究』No.116，食料・農業政策研究センター，2003年，pp.8-72。

Panagariya, A., "Preferential Trade Liberalization: The Traditional Theory and New Developments," *Journal of Economic Literature*, Vol. XXXVIII, 2000, pp. 287-331.

坂井真樹「日本をめぐるFTAの動向と課題」『農村と都市をむすぶ』No.624，全農林労働組合，2003年，pp.4-27。

清水徹朗「日・タイFTA交渉における農業問題――アジア地域の経済連携と日本農業」『農林金融』2004年7月，pp.42-61。

篠原孝「FTAとフードマイレージ」『Dairyman』2004年3月号，p.17。

生源寺眞一「解題――中国の酪農・乳業をめぐって」『中国の酪農・乳業の現状と課題』中央酪農会議，2003年，pp.9-19。

生源寺眞一『農業と貿易協定――食の分業，アジアで拡大』日本経済新聞・経済教室，2004年12月17日，p.27。

鈴木宣弘「自由貿易協定（FTA）とWTO体制との関係」『農業と経済』第69巻2号，2003年2月，pp.48-56。

鈴木宣弘「活発化するFTA交渉と日本農業の選択」『食料政策研究』No.116，食料・農業政策研究センター，2003年，pp.74-136。

鈴木宣弘「日・韓FTAをめぐる動向と課題」『農村と都市をむすぶ』No.624，全農林労働組合，2003年，pp.40-55。

鈴木宣弘「FTA推進の障害は何か？」『世界経済評論』2003年12月号，pp.31-37。

鈴木宣弘「日韓FTAの意義と課題」『農業と経済』第70巻10号，2004年8月，pp.34-47。

鈴木宣弘『農業と貿易協定――高関税品開放は最低限に』日本経済新聞・経済教室，2004年12月20日，p.26。

Suzuki, Nobuhiro, *Free Trade Agreements and Agriculture in Asia*, Paper presented at JICA-JDS Joint Faculty Seminar, Graduate School of Management and Public Policy, University of Tsukuba, December 19, 2003.

Suzuki, Nobuhiro, *How to Include Agriculture in the Thailand-Japan FTA*, Paper presented at the Thailand-Japan FTA Seminar, Bangkok, 2004.9.2.

Suzuki, Nobuhiro, Junko Kinoshita and Harry M. Kaiser, *Measuring the Export*

Subsidy Equivalents (ESEs) through Price Discrimination Generated by Exporting State Trading Enterprises, 2004.

Suzuki, Nobuhiro, H.M. Kaiser, "Impacts of the Doha Round Framework Agreements on Dairy Policies," *Journal of Dairy Science*, 88(5) May 2005, pp.1901-1908.

谷口誠『東アジア共同体——経済統合のゆくえと日本』岩波書店，2004年。

田代洋一『WTOと日本農業』，筑波書房，2003年。

辻雅男『アジアの農業近代化を考える——東南アジアと南アジアの事例から』，九州大学KUARO叢書，2004年6月。

堤雅彦・清田耕造『日本を巡る自由貿易協定の効果：CGEモデルによる分析』JCER Discussion Paper No.74，2002年2月。

手塚眞『米国農業政策と「償還請求権のない融資」——2002年農業法における「融資単価」の含意』東京経済大学学会誌239号，2004年，pp.3-29。

浦田秀次郎編『日本のFTA戦略』日経新聞社，2002年。

八木宏典『現代日本の農業ビジネス——時代を先導する経営』，農林統計協会，2004年8月。

山本康貴「ニュージーランドの酪農制度改革とFTA戦略」，『酪総研』2003年6月号，pp.2-3。

山本博史『FTAとタイ農業・農村』筑波書房，2004年1月。

山下一仁『国民と消費者重視の農政改革』東洋経済新報社，2004年7月。

横川洋「ドイツにおける任意参加の農業環境プログラム——国際化の下での農業環境政策の展開事例から」，（甲斐諭・濱砂敬郎編集『国際経済のグローバル化と多様化』，九州大学出版会），2002年，pp.21-56。

吉田行郷・足立健一・武田裕紀『韓国の食品市場実態調査報告書』，2002年。

図師直樹『牛乳の商品特性に対する消費者評価分析』九州大学卒業論文，2004年。

［付録1］ブロック化の弊害

　Krugman（1991）は，世界が3ブロックになったときが最も経済厚生が悪化する可能性を示した。欧州圏，米州圏，アジア圏を連想させる。ただし，Krugman（1991）では，形成されたブロック間で最適関税を課すことができるという前提で試算されており，これはブロック外に対して従来よりも障壁を高めることを認めないというGATT24条の要請に合致しない場合が生じると思われる。ブロック化によるプレイヤーの減少に伴い，世界市場が不完

全競争的になると仮定すれば，最適関税どころか，極端に言えば，関税がなくとも，世界の経済厚生は悪化する場合がある。いま，世界が二つのブロックになり，各ブロックには一生産物のみを生産するCournot生産者が一戸ずつあり，ブロック間の関税，輸送費はnegligibleとする。

　　ブロック1の需要関数　　　　　D1＝1530−17P1
　　ブロック1の逆限界費用関数　　S1＝155＋33MC1
　　ブロック2の需要関数　　　　　D2＝850−20P2
　　ブロック2の逆限界費用関数　　S2＝25＋40MC2
　　D1＝X11＋X21，D2＝X12＋X22，S1＝X11＋X12，S2＝X21＋X22

ここで，D: 需要量（万トン），P: 価格（万円／トン），S: 供給量（万トン），Xij: ブロックiからjへの出荷量（万トン）。ブロック1の生産者の最適条件はMR11＝MR12＝MC1，ブロック2の生産者の最適条件はMR21＝MR22＝MC2（ここで，MRijは生産者iの市場jにおける「主観的（perceived）」限界収入）。これらを同時に満たすCournot-Nash均衡解は，

　　90−(2X11＋X21)/17＝42.5−(2X12＋X22)/20＝(X11＋X12−155)/33
　　90−(X11＋2X21)/17＝42.5−(X12＋2X22)/20＝(X21＋X22−25)/40

を解いて，X11＝431.9，X12＝191.4，X21＝425.1，X22＝183.4，P1＝39.6，P2＝23.8

このとき，MR11＝MR12＝MC1＝14.2，MR21＝MR22＝MC2＝14.6。転送は生じないものとすれば，ここでは，同質商品のダンピング（P1＞P2）を伴う双方向貿易が生まれる。完全競争を前提にすると起こりえない貿易が不完全競争を仮定すれば簡単に説明される。ブロック化によって競争的世界市場が，このような市場に変わるとすれば，経済厚生の悪化は明らかである。

[付録2] WTO枠組み合意とセンシティブ品目の取り扱い

　2004年7月末に，難航していたWTOドーハ・ラウンドの農産物貿易をめぐる保護削減交渉の方向性について加盟国の合意が成立した。

　今後詰めるべき点が多く残されたとはいえ，前回のUR合意とは異なる方

向性がはっきりと打ち出されていることに留意すべきである。基本方向は，米国の主張してきたleveling the playing fields（競争条件の平準化）に沿うものだということである。皆が同じ削減率というUR方式は，保護水準の高い国と低い国との格差が縮まないので不平等であり，保護水準の高い品目や国の削減率を高めて削減後の水準を等しくすべきという考え方である（付図1）。

市場アクセス，輸出競争，国内支持の3分野ごとの具体的な方向性は，
①高関税品目グループほど削減率を高める階層方式を採用するが，各国が指定するセンシティブ品目を一定程度除外できる，
②輸出信用，食料援助，輸出国家貿易等あらゆる形態の輸出補助金を期日を設けて全廃する，
③貿易歪曲度の高い国内支持が多い国ほど削減率を高める階層方式を採用し，品目ごとの国内支持の上限を設定する
というものである。

市場アクセスについての若干の留意点を以下に解説する。

(1) 低関税品目をある程度やむを得ないものとしてセンシティブ品目を守るのが我が国のWTO・FTA共通戦略

階層方式は，全体で36％，品目によっては最低15％の削減とし，高関税品目に低い削減率が適用される結果になったUR合意とは逆方向だが，各国がセンシティブ品目を指定し，階層方式に基づく削減から除外することができることとなった点は画期的である。

我が国の農産物関税は平均12％で，コメ，乳製品，肉類，砂糖等一部のセンシティブ品目を除けば，すでにかなり低いので，すでに関税の低い品目についての削減（FTAでは撤廃）はある程度やむを得ないものとして，残された最重要品目の関税削減をできるかぎり小さくすることがWTOにおいてもFTAにおいても我が国の戦略となりつつある。

付図1　WTO枠組み合意の基本ルール

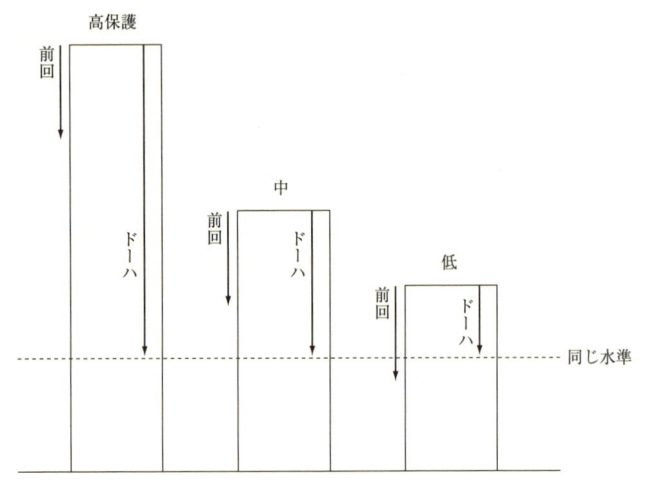

資料：鈴木宣弘作成。

(2) 米国も本当は嬉しいセンシティブ品目の除外

　センシティブ品目の除外については，コメと乳製品だけでも例外にできれば後はやむを得ないかと覚悟を決めかけていた我が国にとっては，「予想外」の緩やかな結果を得たことになるが，実は米国も内心ホッとしている。米国は砂糖，乳製品（の一部）等，豪州とのFTAでもほぼ完全除外したセンシティブ品目を抱えており，日本等に「貸し」をつくった形で，実は自らの高関税品目を守ることに成功した点が巧妙である。

(3) カナダは大喜び

　カナダは，当初から，「カナダの穀物のように輸出指向の極めて強い品目は，貿易を歪曲しないように関税を最大限引下げる（ゼロにする）のが妥当だが，酪農のように厳しい供給管理制度によって国内で必要な生産のみを行い，国際的にほとんど迷惑をかけていない貿易に優しい（trade friendlyな）

品目は，同列には論じられない。関税割当の枠内税率をゼロにする一方，輸入禁止的な枠外税率は維持する，というのが最大限の譲歩だ。」という見解であった。したがって，今回のセンシティブ品目の除外については公式に賛意を表明している。

(4) 代償措置の問題——カナダと連携

センシティブ品目にどれだけの品目を入れることができるかも不透明であるし，さらに，高関税を維持する場合の代償として低関税での輸入の義務的拡大を迫られる可能性には強い懸念がある。義務的拡大を認めては，かえって不必要な輸入を強いられ，代償が大きすぎる。枠拡大を最小限に抑えるとともに，低関税枠はあくまで機会の提供であって最低輸入義務枠ではない，つまり実際の輸入が枠を下回ることはありうるという理解をすべきである。

カナダは，酪農，卵，鶏肉など供給管理政策を行っている品目について，枠内税率の撤廃には応じても，枠の拡大と枠外（二次）税率の削減には応じない姿勢を示しているので，我が国は，センシティブ品目の品目数と代償措置の問題について，カナダとの連携が有効である。

(5) 上限関税の問題——最悪200％水準を視野に

例外品目の関税が500％や1000％でも無制限に高くてもよい，ということが認められる可能性は高いとは言えない。いくつかの農産物輸出国について，世界的に最もセンシティブな品目である乳製品についてみてみると，カナダのバター300％，脱脂粉乳200％，EUのバター200％，米国のバター120％，脱脂粉乳100％，タイの脱脂粉乳220％，という具合である。したがって，上限関税が最悪200％程度になる可能性はあると考えておいた方がよい。

第1章補論　GATT24条の解釈をめぐって

古川宏治

　WTO体制下において，GATT24条等の規定によりGATT1条の最恵国待遇原則の例外として，FTAなどの地域的（又は限定的）な経済統合のための協定を結ぶことが認められている。しかし，現在のままのGATT規定では国家間で解釈の違いがあり，解釈一致にいたっていない。

　ここでは，GATT24条の規定や1994年のGATT24条の解釈に関する了解（以下，解釈了解）[注1]を取り上げ，その問題点や解釈が一致した事項，またFTAとWTOとの関係について整理する。

1．GATT24条の規定内容

　まず，GATT24条の規定内容について概観する。

　GATT24条で最恵国待遇原則の例外として認められているのは，
- ・自由貿易地域（FTA：Free Trade Areas）
- ・関税同盟（Customs Unions）
- ・それらの設立に向けた中間協定

である。

　これらが認められる用件は，表1の通りである。

第1章補論　GATT24条の解釈をめぐって

表1　FTA等が満たすべき要件

関税同盟
①関税同盟形成後の，関税その他の貿易障壁の全般的水準が以前よりも高度もしくは制限的でないこと（GATT 24条5項(a)）
②構成国間の関税その他の制限的通商規則を実質上すべての貿易について廃止すること（同条8項(a)(i)）
③共通の関税その他の通商規則を適用すること（同条8項(a)(ii)）
自由貿易地域
①自由貿易地域形成後の，関税その他の貿易障壁の全般的水準が以前よりも高度もしくは制限的でないこと（同条5項(b)）
②構成国間の関税その他の制限的通商規則を実質上すべての構成国原産品の貿易について廃止すること（同条8項(b)）
中間協定
①妥当な期間内に関税同盟もしくは自由貿易地域を形成するための計画および日程を含むものでなければならない（同条5項(c)）

(1)　4項の規定

　まずGATT24条の4項で①経済統合を望ましいものとし，②経済統合の目的が，構成国間の貿易を容易にすること，構成国以外の加盟国との間の貿易障壁を引き上げることにはならないこと，と規定している。

　そして，具体的な要件は5項以下で規定されている。

(2)　より高度な（制限的）関税その他の通商規則の適用禁止（5項(a), (b)）

1) 関税同盟（又は関税同盟の組織のための中間協定）について

　関税同盟では，その協定の当事国でない締約国に対して共通の関税その他の通商規則を適用することになっている。そして，その共通関税は，関税同盟組織前の関税の全般的な水準よりも高度もしくは制限的なものであってはならない。

2) 自由貿易地域（又は自由貿易地域の設定のための中間協定）について

　自由貿易地域は，関税同盟とは異なり，各国は独自の関税を維持したまま

85

当事国間の自由化を進める協定である。また，この協定においても自由貿易地域の設定前よりも関税その他の通商規則はそれぞれ高度もしくは制限的なものであってはならない。

(3) 計画および日程（GATT24条5項(c)）
　関税同盟および自由貿易地域は，段階的に組織するための中間協定の締結も認めている。この条項は，段階的な貿易障壁の撤廃や共通関税などの実施のための経過措置等を規定するものである。

(4) 協定の審査（GATT24条7項）
　関税同盟，自由貿易協定，またそれらの設立のための中間協定を締結する国は，GATTに通告しなければならない。さらに，それらの協定が締結される見込みがないか又はその期間が妥当でないと認めたときは，その協定の当事国に対して勧告を行う。

(5) 「実質上すべての貿易」について関税その他の通商規則の廃止（8項(a)(i)，(b)）
1）関税同盟
　関税同盟においては，関税その他の制限的通商規則を「実質上すべての貿易」について廃止する（又は少なくとも同盟地域原産の産品の，実質上すべての貿易について廃止する）。
2）自由貿易地域
　自由貿易地域においては，関税その他の制限的通商規則をその構成地域原産の産品の構成地域間における実質上すべての貿易について廃止する。

(6) 共通関税および共通通商規則の適用（GATT24条8項(a)(ii)）
　関税同盟においては共通関税および共通通商規則を適用する。

2．GATT24条の問題点と解釈了解

次に，GATT24条の問題点について，また，ウルグアイ・ラウンドで妥結された解釈了解について整理する[注2]。

(1) GATT24条の4項と5～8項の関係

GATT24条4項では，地域経済統合の設立を認め，その目的が構成国間の貿易を容易にすること，構成外国に対する貿易障壁を引き上げないこと，と規定している。そして，同条5～8項においてその具体的な要件を示している。

構成国間の貿易を容易にし，構成外国に対する貿易障壁を引き上げないことによって，貿易創造効果が高められ，貿易転換効果が抑えられることになる。24条4項で経済統合を望ましいものと規定しているのは，貿易創造効果が貿易転換効果を上回ることを想定しているからと考えられる。しかし，貿易転換効果が貿易創造効果を上回ることもある。

このような問題があることから解釈了解妥結以前は，①5項以下の要件に加えて，4項の内容も満足せねばならない（貿易創造効果が経済統合を望ましいものとする根拠であるという意見），②5項以下の要件に合致していれば，自動的に4項の内容を満足するものである（経済効果の有無というよりも，統合自体を許容しているという意見），という意見の対立があった。

しかし，ウルグアイ・ラウンドでの解釈了解1項において，地域貿易協定は特に5から8までの規定を満足するものでなければならない，とされた。

以下では，GATT24条5～8項の規定に関連する問題点や解釈了解について見てみたい。

(2) GATT24条5項(a)，(b)について

1）関税その他の通商規則

GATT24条では，関税その他の通商規則をより高度もしくは制限的にして

はならないとだけ規定されている。この規定だけでは，構成外国が貿易転換効果により不利益を被ることもある。

解釈了解前文で「他の加盟国の貿易に悪影響を及ぼすことを最大限可能な限り避けるべきである」と規定された。ただ単に関税などの貿易障壁を上げなければよいというわけではなく，他の国への影響をも考慮に入れることの必要性が解釈了解に組み込まれた。

2）全般的な水準

GATT24条で関税同盟においては，協定締結以前の「全般的な水準」よりも貿易障壁を高くしてはならない，とされていた。しかし，関税同盟組織前は各国がそれぞれ異なる関税を適用していたので，その「全般的な水準」を算出するのは困難である。その「全般的な水準」をどのように算出するかが，解釈了解2項に示された。

解釈了解2項で全般的な水準は，関税及び課徴金に関しては「加重平均関税率及び徴収された関税の全般的な評価(注3)に基づく」とされた。そして，その他の通商規則(注4)については，「個別の措置，規制，対象産品及び影響を受ける貿易の流れに関する検討が必要とされる」と述べられるにとどまった。

(3) **GATT24条5項(c)（計画および日程）について**

中間協定の締結にあたっては，「妥当な期間内に目標を実施するための計画や日程を含んでいなければならない。」とされている。しかし，この「妥当な期間内」が具体的にどの程度の期間を指すものかが明確にされていなかった。

解釈了解3項において，「妥当な期間」は原則として10年を超えるべきでないとされた。また，中間協定が10年では不十分であると考える場合，物品貿易理事会において十分な説明を行うことと規定している。

(4) **GATT24条7項について**

　地域貿易協定を締結する際，構成国はWTOに通報しなければならない。WTOが設立される前は協定ごとに作業部会が設置されて審議されていた。その作業部会では，GATT24条の解釈について見解が分かれ，作業部会の結論はほとんどが両論併記という形となっていた。また同条に基づいた勧告は1件もなされたことがなかった（木村2000）。しかし，1996年2月に常設の「地域貿易協定委員会」（CRTA）が設立され，そこで統一して審理されることになった（中川2003，224ページ）。

　また，解釈了解10項において，中間協定が計画及び日程を含まない場合には作業部会が計画及び日程を勧告する，とされている。

(5) **GATT24条8項について**

1) 実質上すべての貿易（GATT24条8項(a)(i)，(b)）

　GATT24条8項に関連する部分では，解釈了解全文で，「貿易の主要な分野が当該撤廃の対象から除外される場合にはそのような貢献（世界貿易の拡大への貢献）が減少することを認め」るとしている。「実質上すべて」と規定していることから，ある程度の除外は認められていることがわかる。しかし，それが例えば農業分野といった主要な分野をそのまま除外することは，貿易自由化に対する弊害であるという内容を規定している。

　また，「実質上すべて」という際に，それは90％以上を指しているといわれることがある。90％以上という基準はEUが提示している基準であり，WTO全体における了解事項ではない。

2) 共通関税および共通通商規則の適用（GATT24条8項(a)(ii)）

　関税同盟を設立する際に一部の構成国がセーフガード措置や国際収支の困難を理由とした数量制限措置を発動している，といった場合に問題が生じている。それらの数量制限措置を当該構成国についてのみ継続しうるものであるのか，または，構成国全体の措置として継続しうるのか，という問題として議論された（中川2003，228〜231ページ）。

(6) **原産地規則**

　原産地規則とは，産品の原産地を確定するための規則である。自由貿易地域の場合には常に(注5)，関税同盟についても関税その他の通商規則の撤廃を構成国原産の産品に限定する場合には，構成国とそれ以外の域外国との区別が必要になる。原産地規則の規定の仕方によっては，貿易障壁として機能する可能性があることから，ウルグアイ・ラウンドにおいて原産地規則に関する協定が締結された。

　原産地を確定する基準として，①関税分類変更基準：関税分類上の変更をともなう実質的変形を最終的に行った国を原産地と認める，②付加価値基準：産品価額の一定割合の価値を付加した国を原産地と認める，③製造加工基準：特定の製造過程または加工過程が行われた国を原産地と認める，があげられた。

　しかし，ウルグアイ・ラウンドにおいては，特定の基準についての合意が達成されなかった。

3．WTOとFTAの関係

　FTAなどの地域経済統合は，条約の解釈等によって様々な問題がある。しかし，地域経済統合には，以下のような世界全体の貿易自由化を促す効果がある。

　(1)少数国による貿易自由化はWTOでの交渉に比べてはるかに容易である。

　WTOは多様な国によって形成されているため，貿易自由化を進めることには多くの障害が伴う（経済の構造や発展段階が異なる。国内の貿易自由化に対する支持の程度もさまざま）。よって，WTOは長期間の交渉が必要となる。

　(2)一部の貿易自由化に積極的な国々が経済統合を進めることによって自由化が進み，他方で自由化に消極的な加盟国に対する圧力になる。

　地域経済統合には，いくつかの否定的な影響（差別的な貿易政策の拡大，貿易転換効果）の可能性があるにもかかわらず，これがWTO体制下で認め

られる理由がここにある。

　よって，経済統合の要件審査においては，そうした弊害を完全になくすということではなく，いかに抑制するかという観点から見ることが重要になる。

　また，各国がFTAを締結する際は，かなり慎重にWTOとの整合性を保つべく注意を払っている。なぜならば，現在のWTO規律は不十分であるが，それだけでもなんとか守った形にしておかなければ，多角主義の核心である無差別原則が完全に形骸化してしまうからである（木村・安藤2002，116ページ）。

（注1）GATT24条の他に，サービス分野の統合に関する要件が規定されているGATS5条や，途上国間における関税及び非関税措置の相互削減又は相互撤廃について規定している授権条項（1979年GATT決定）がある。
（注2）GATT24条の解釈に関する主な論争点と採択された解釈了解本文の詳細については，津久井（1997）を参照のこと。
（注3）この関税の評価は，「過去の代表的な期間の輸入統計に基づいて行う。」とされている。
（注4）「その他の通商規則」は，数量化及び総額の算定が困難である。
（注5）自由貿易地域では，各国が独自の関税を適用している。よって，同一品目でも国により関税障壁に高低がある。輸出国は，障壁の高い国に輸出するときに直接その国に輸出するよりも，障壁の低い国に一度輸出し，迂回させて輸送しようとする。原産地が示されていれば，自由貿易地域の構成国原産の輸出品か，構成国から迂回して輸出しようとする域外国原産の輸出品か，が判断できる。

参考文献
外務省経済局『世界貿易機関（WTO）を設立するマラケシュ協定』，1995年，日本国際問題研究所。
木村福成『国際経済学入門』，2000年，日本評論社，pp.281-301。
木村福成・安藤光代「自由貿易協定と農業問題」『三田学会雑誌』95巻1号，2002年4月。
津久井茂充『WTOとガット』，1997年，日本関税協会，pp.154-165。
中川淳司・清水章雄・平覚・間宮勇『国際経済法』，2003年，有斐閣，pp.215-232。

第2章　図解FTA——3カ国間貿易の部分均衡分析

前田幸嗣

1．はじめに

　本章の目的は，FTA（自由貿易協定）が国際貿易に及ぼす影響について，部分均衡分析の範囲で図解し，分析の見通しをつけることである。

　FTAが国際貿易に及ぼす影響について部分均衡分析の範囲で図示する場合，これまで次の2つの仮定が置かれてきた[注1]。第1は，分析の対象を2国間貿易に限定するという仮定であり，第2は，当該国の需給の変化が他国の市場価格に影響を一切及ぼさないという「小国の仮定」である。しかし，FTAには，貿易障壁の撤廃に関して，FTA締結国（以下，域内国と呼ぶ）がそれ以外の国（以下，域外国と呼ぶ）を排他的に扱いうるという差別性がある[注2]。したがって，FTAの経済効果を図解する場合には，FTAの締結によって域内国の貿易量や経済厚生がどのように変化するかを分析するだけではなく，その締結によって域外国の貿易量や経済厚生がどのような影響を受けるか，この点についても分析する必要がある。つまり，図解にあたっては，上記の2つの仮定を緩める必要がある。そこで，本章では上記の2つの仮定を緩め，当該国の需給の変化が他のすべての国の市場価格に影響を及ぼすという「大国の仮定」の下，域内2カ国と域外1カ国間の貿易，つまり3

カ国間貿易を対象に，FTAの経済効果を図解する。

2．分析ツール

　まず，本章で利用する分析ツールについて説明する。図1－Aはある国におけるある1つの財の市場を図示したものである。図中，DとSは，それぞれ当該財の需要曲線および供給曲線を表している。

　ここで，当該財の貿易を行うにあたって，関税や輸送費などの取引費用は一切かからないと仮定しよう[注3]。すると，もし国際価格がP_0であれば，この市場は点cにおいて均衡し，この国は当該財を自給する。一方，国際価格がP_1であれば，この国は当該財をQ_E（＝b－a）だけ輸出し，自給した場合に比べて，社会的余剰を△abcだけ増大させる。また，国際価格がP_2であれば，この国は当該財をQ_I（＝e－d）だけ輸入し，自給した場合に比べて，社会的余剰を△cdeだけ増大させる。

　輸出供給曲線と輸入需要曲線を利用すれば，以上の結果は図1－Bのように図示することができる。なお，ESが当該財の輸出供給曲線を，IDが輸入需要曲線を表している。

　ここで，もし国際価格がP_0であれば，この国の輸出量と輸入量はともにゼロになるが，国際価格がP_1になると，輸出量はQ_E（＝f－P_1）となり，図1－Aの（b－a）に等しくなる。また，国際価格がP_2であれば，輸入量はQ_I（＝g－P_2）となり，図1－Aの（e－d）に等しくなる。さらに，当該財を輸出ないし輸入することによって増大するこの国の社会的余剰は，それぞれ△P_1fP_0，△P_0P_2gで表され，それぞれ図1－Aの△abc，△cdeに等しくなる。

　以上の輸出供給曲線と輸入需要曲線を利用すれば，ある財の3カ国（α国，β国およびγ国）間の貿易について，図2のように図示することができる。なお，ES_α^0とES_β^0は自由競争下におけるα国とβ国それぞれの輸出供給曲線を表し，ID_γは同じく自由競争下におけるγ国の輸入需要曲線を表している。

　ここで，α，βの両国に対して，γ国が同額の従量税を課したとしよう。

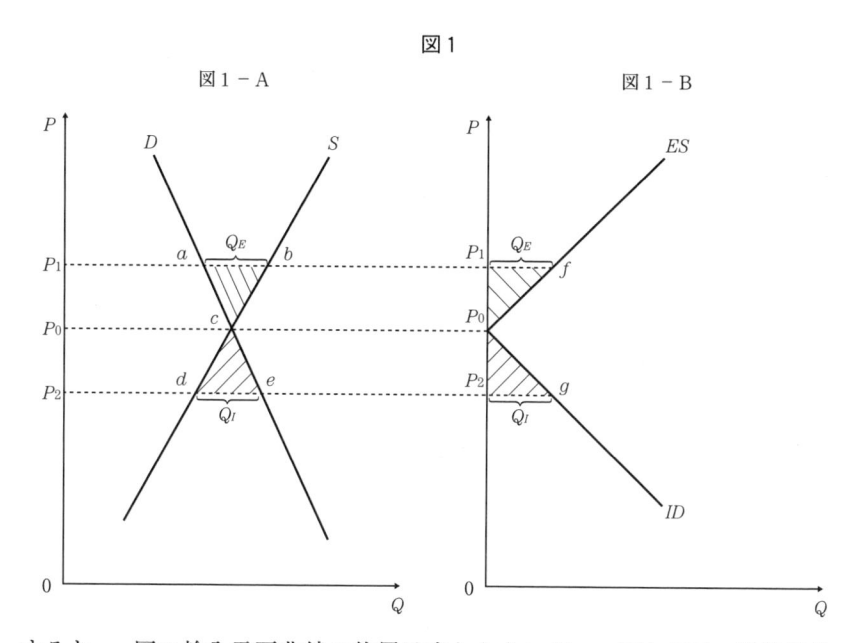

第2章 図解FTA――3カ国間貿易の部分均衡分析

図1

図1-A　　　　　　　　　　　図1-B

すると、γ国の輸入需要曲線の位置は変わらないが、α国とβ国の輸出供給曲線はそれぞれES_α、ES_βへと上方にシフトする[注4]。そして、α国とβ国を合わせた総輸出供給曲線は点cで屈折した（$ES_\alpha + ES_\beta$）となり、点EでID$_\gamma$と交差する。したがって、この場合、γ国の市場価格はeとなり、α国とβ国がそれぞれ（$E_\alpha - e$）および（$E_\beta - e$）の輸出を、γ国が（E-e）の輸入を行うことになる。また、当該財を各国が自給した場合に比べて、社会的余剰はα国では△$fE_\alpha^0 a^0$、β国では△$fE_\beta^0 b^0$、γ国では△deE増大する。さらに、γ国は（□$efE_\alpha^0 E_\alpha$ + □$efE_\beta^0 E_\beta$）の関税収入を得る。なお、α国とβ国の市場価格がともにfとなるのは明らかである。

以上のように、輸出供給曲線および輸入需要曲線を利用すれば、3カ国間の貿易を1つの図で示すことが可能となる。

図2

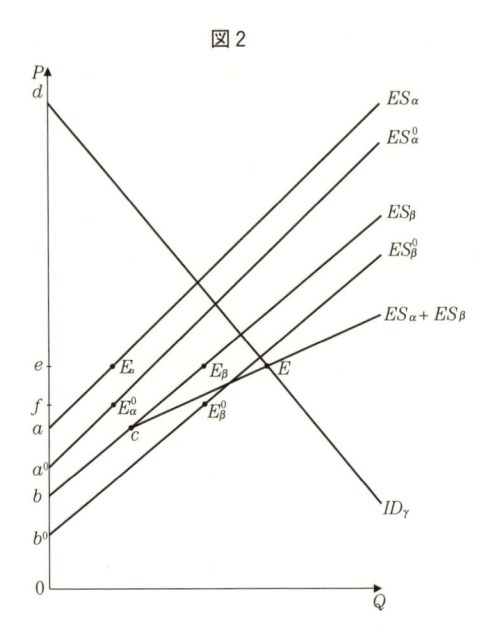

3．FTAの経済効果

　本節では，前節と同様に，輸出供給曲線と輸入需要曲線を利用して，FTAの経済効果について分析を行う。具体的には，前節の図2で示した，関税下の3カ国間貿易の均衡解をベンチ・マークとしながら，以下に示す3つの場合について，FTAを締結した際に各国の貿易量や市場価格，経済厚生がどのように変化するか，比較静学分析を行う。

（1）　輸入国γが生産性の低い輸出国αとFTAを締結した場合

　図3は，γ国がβ国に対して生産性の低いα国とFTAを締結した場合の経済効果を図示したものである。ここで，図2と同様，ES_α^0，ES_β^0は自由競争下におけるα国，β国それぞれの輸出供給曲線を表し，ID_γは同じく自由競争下におけるγ国の輸入需要曲線を表している。また，ES_αとES_βは，γ国がα，βの両国に同額の従量税を課した場合の各国の輸出供給曲線を表してい

第2章 図解FTA──3カ国間貿易の部分均衡分析

図3

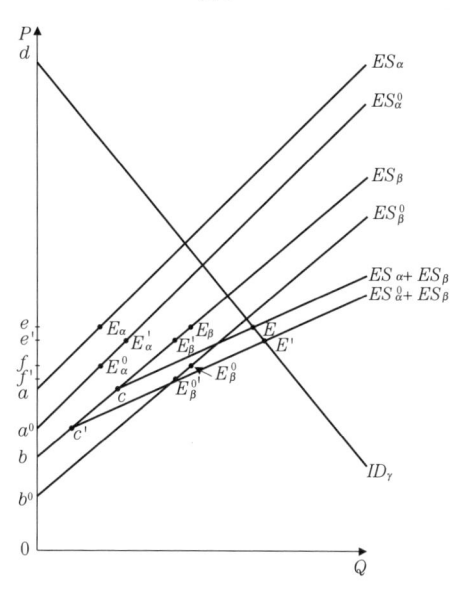

る。

　α国とγ国がFTAを締結した場合，γ国がα国に課す関税率はゼロとなり，γ国はβ国に対してのみ，図2と同額の従量税を課すことになるので，α国，β国の輸出供給曲線はそれぞれES_α^0，ES_βとなる。したがって，α国とβ国を合わせた総輸出供給曲線は点c'で屈折した（$ES_\alpha^0 + ES_\beta$）となり，点E'でID_γと交わる。つまり，γ国の市場価格はe'となり，α国とβ国がそれぞれ（$E_\alpha'-e'$）および（$E_\beta'-e'$）の輸出を行い，γ国が（$E'-e'$）の輸入を行うことになる。また，このとき，社会的余剰は，当該財を自給した場合と比較して，α国では△e'E_α'a^0，β国では△f'$E_\beta^{0'}$b^0，γ国では△de'E'増大する。さらに，γ国は□e'f'$E_\beta^{0'}E_\beta'$の関税収入を得る。なお，α国とβ国の市場価格は，それぞれe'，f'となる。

　α国とγ国がFTAを締結する前後で，各国の貿易量や市場価格，経済厚生は次のように変化する。なお，図3には，図2と全く同じ記号を使って，α国とγ国がFTAを締結する前の均衡解についても図示されている。

①α国では，市場価格がfからe'に上昇し，輸出量が $(E_\alpha - e)$ から $(E_\alpha' - e')$ に増加する。そして，社会的余剰も $(\triangle e'E_\alpha'a^0 - \triangle fE_\alpha^0 a^0)$ だけ増大し，α国はγ国とFTAを締結することで，経済厚生を高めることができる。

②β国では，市場価格がfからf'に下落し，輸出量も $(E_\beta - e)$ から $(E_\beta' - e')$ に減少する。そして，社会的余剰も $(\triangle fE_\beta^0 b^0 - \triangle f'E_\beta^{0'}b^0)$ だけ減少し，α国とγ国がFTAを締結することで，β国の経済厚生は低下する。

③γ国では，市場価格がeからe'に下落し，輸入量が $(E-e)$ から $(E'-e')$ に増加する。そして，社会的余剰も $(\triangle de'E' - \triangle deE)$ だけ増大する。一方，関税収入は $(\Box efE_\alpha^0 E_\alpha + \Box efE_\beta^0 E_\beta)$ から $\Box e'f'E_\alpha^{0'}E_\beta'$ に減少する。したがって，γ国の経済厚生は，以上の社会的余剰の増大が関税収入の減少を上回れば高まり，反対に前者が後者を下回れば低下する。

(2) 輸入国γが生産性の高い輸出国βとFTAを締結した場合

図4は，β国がγ国とFTAを締結した場合の経済効果を図示したものである。ここで，ES_α^0, ES_β^0, ES_α, ES_β および ID_γ の意味は上述したとおりである。

β国とγ国がFTAを締結した場合，γ国がβ国に課す関税率はゼロとなり，γ国はα国に対してのみ，図2と同額の従量税を課すことになるので，α国，β国の輸出供給曲線はそれぞれ ES_α, ES_β^0 となる。したがって，α国とβ国を合わせた総輸出供給曲線は点 c' で屈折した $(ES_\alpha + ES_\beta^0)$ となり，点E'で ID_γ と交わる。つまり，γ国の市場価格はe'となり，α国とβ国がそれぞれ $(E_\alpha' - e')$ および $(E_\beta' - e')$ の輸出を行い，γ国が $(E'-e')$ の輸入を行うことになる。また，このとき，社会的余剰は，当該財を自給した場合と比較して，α国では $\triangle f'E_\alpha^{0'}a^0$，β国では $\triangle e'E_\beta'b^0$，γ国では $\triangle de'E'$ 増大する。さらに，γ国は $\Box e'f'E_\alpha^{0'}E_\alpha'$ の関税収入を得る。なお，α国とβ国の市場価格は，それぞれf'，e'となる。

β国とγ国がFTAを締結する前後で，各国の貿易量や市場価格，経済厚生は次のように変化する。なお，図4には，図2と全く同じ記号を使って，β

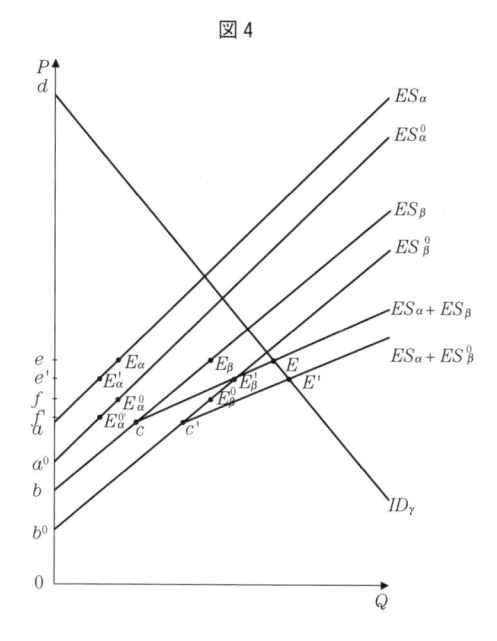

第2章　図解FTA——3カ国間貿易の部分均衡分析

図4

国とγ国がFTAを締結する前の均衡解についても図示されている。

①α国では、市場価格がfからf'に下落し、輸出量も（E_α-e）から（E_α'-e'）に減少する。そして、社会的余剰も（△$fE_\alpha^0a^0$-△$f'E_\alpha^{0'}a^0$）だけ減少し、β国とγ国がFTAを締結することで、α国の経済厚生は低下する。

②β国では、市場価格がfからe'に上昇し、輸出量は（E_β-e）から（E_β'-e'）に増加する。そして、社会的余剰も（△$e'E_\beta'b^0$-△$fE_\beta^0b^0$）だけ増大し、β国はγ国とFTAを締結することで、経済厚生を高めることができる。

③γ国では、市場価格がeからe'に下落し、輸入量が（E-e）から（E'-e'）に増加する。そして、社会的余剰も（△de'E'-△deE）だけ増大する。一方、関税収入は（□$efE_\alpha^0E_\alpha$+□$efE_\beta^0E_\beta$）から□$e'f'E_\alpha^{0'}E_\alpha'$に減少する。したがって、$\gamma$国の経済厚生は、以上の社会的余剰の増大が関税収入の減少を上回れば高まり、反対に前者が後者を下回れば低下する。

99

図5

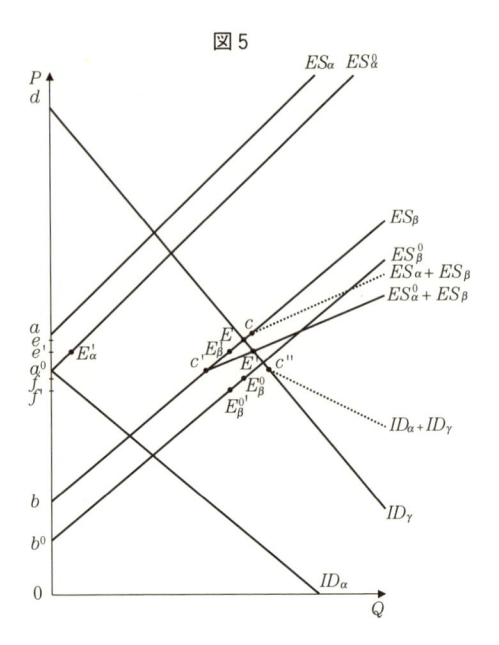

(3) 自給国αと輸入国γがFTAを締結した場合

　図5は，β国に対して生産効率がかなり低いため輸出が行えず，かつ，他国に関税を課すことで輸入も行っていない自給国αと，輸入国γがFTAを締結した場合の経済効果を図示したものである。

　まず，FTAが締結される前の時点で，α国が自給国となる理由について説明しておこう。曲線ES_α^0，ES_β^0，ES_α，ES_βおよびID_γの意味は上述したとおりであるが，FTAが締結される前には，α国とβ国の輸出供給曲線がそれぞれES_α，ES_βとなるので，両国を合わせた総輸出供給曲線は点cで屈折した（$ES_\alpha + ES_\beta$）となり，α国の輸出量はゼロとなる。一方，α国の輸入需要曲線はID_αで表され，γ国の輸入需要曲線と合わせて，点c″で屈折する総輸入需要曲線（$ID_\alpha + ID_\gamma$）を形成する。ここで，γ国と同額の従量税をα国がβ国に課すならば，β国の輸出供給曲線（＝総輸出供給曲線）はES_βとなって，総輸入需要曲線（$ID_\alpha + ID_\gamma$）と点Eで交わるので，α国の輸入量もゼロとなる。つまり，この場合，α国の輸入量と輸出量はともにゼロになり，

100

α国は当該財について自給国となる。

次に，α国とγ国がFTAを締結した場合を考えよう。この場合，γ国がα国に課す関税率はゼロとなり，γ国はβ国に対してのみ，図2と同額の従量税を課すことになるので，α国，β国の輸出供給曲線はそれぞれES_α^0，ES_βとなる。したがって，α国とβ国を合わせた総輸出供給曲線は点c'で屈折した（$ES_\alpha^0 + ES_\beta$）となり，点E'でID_γと交わる。つまり，γ国の市場価格はe'となり，α国とβ国がそれぞれ（$E_\alpha' - e'$）および（$E_\beta' - e'$）の輸出を行い，γ国が（$E' - e'$）の輸入を行うことになる。また，このとき，社会的余剰は，当該財を自給した場合と比較して，α国では$\triangle e'E_\alpha'a^0$，β国では$\triangle f'E_\beta'^0 b^0$，$\gamma$国では$\triangle de'E'$増大する。さらに，$\gamma$国は$\square e'f'E_\beta'^0 E_\beta$の関税収入を得る。なお，$\alpha$国と$\beta$国の市場価格は，それぞれe'，f'となる。

α国とγ国がFTAを締結する前後で，各国の貿易量や市場価格，経済厚生は次のように変化する。

①α国では，市場価格がa^0からe'に上昇し，輸出量がゼロから（$E_\alpha' - e'$）に増加する。また，社会的余剰が$\triangle e'E_\alpha'a^0$だけ増大する。つまり，α国はγ国とFTAを締結することで，自給国から輸出国に転換し，経済厚生を高めることができる。

②β国では，市場価格がfからf'に下落し，輸出量も（$E - e$）から（$E_\beta' - e'$）に減少する。そして，社会的余剰も（$\triangle fE_\beta^0 b^0 - \triangle f'E_\beta'^0 b^0$）だけ減少し，$\alpha$国と$\gamma$国がFTAを締結することで，$\beta$国の経済厚生は低下する。

③γ国では，市場価格がeからe'に下落し，輸入量が（$E - e$）から（$E' - e'$）に増加する。そして，社会的余剰も（$\triangle de'E' - \triangle deE$）だけ増大する。一方，関税収入は$\square efE_\beta^0 E$から$\square e'f'E_\beta'^0 E_\beta$に減少する。したがって，$\gamma$国の経済厚生は，以上の社会的余剰の増大が関税収入の減少を上回れば高まり，反対に前者が後者を下回れば低下する。

(4) 小括

以上より，FTAが締結されると，輸出国の生産性の高低に関わらず，域

外の輸出国が輸出量を減少させ，経済厚生を低下させるのに対して，域内の輸出国が輸出量を増大させ，経済厚生を高めること，つまり，第1節で述べた差別性という特徴をFTAがもつということが明らかとなった。そして，経済厚生を高めるのは域内の輸出国にとどまらず，自給国も同様であること，つまり，国際貿易には関係していない自給国であっても，FTAを締結することによって輸出国へと転換し，経済厚生を高めうることが明らかとなった。さらに，域内の輸入国は，場合によっては，FTAの締結によってかえって経済厚生を低下させることが明らかとなった。これは，FTAの締結によって輸入量が増大し，社会的余剰が増大するものの，関税収入が減少するためである。

4．WTOの経済効果

以上のように，FTAは，域内の輸出国に必ず経済厚生の増大をもたらすが，域内の輸入国に対しては，場合によっては経済厚生の低下をもたらす。では，この経済厚生の低下を排除するためには，どのような貿易制度が有効であろうか。本節では，差別性という特徴をもつFTAとは対照的に，世界（加盟国）全体に同じ条件を与えることを原則とするWTO体制について，前節と同様にその経済効果を図示し，WTOが加盟国の経済厚生の低下を排除できるかどうか，検証したい。

いま，図2と同様に，世界にはα国，β国およびγ国の3カ国しか存在せず，この3カ国間で行われている貿易が，図2の状態からWTOの下，完全に自由化されたと仮定しよう。この完全自由化がα国，β国およびγ国の3カ国間でFTAが締結された状態に等しいことは明らかであろう。

図6は，当該財の貿易が完全に自由化された場合の経済効果を図示したものである。ここで，ES_α^0，ES_β^0，ES_α，ES_βおよびID_γの意味は，図2と同様である。

3カ国間の貿易が完全に自由化された場合，γ国がα国とβ国に課す関税

第 2 章　図解FTA——3 カ国間貿易の部分均衡分析

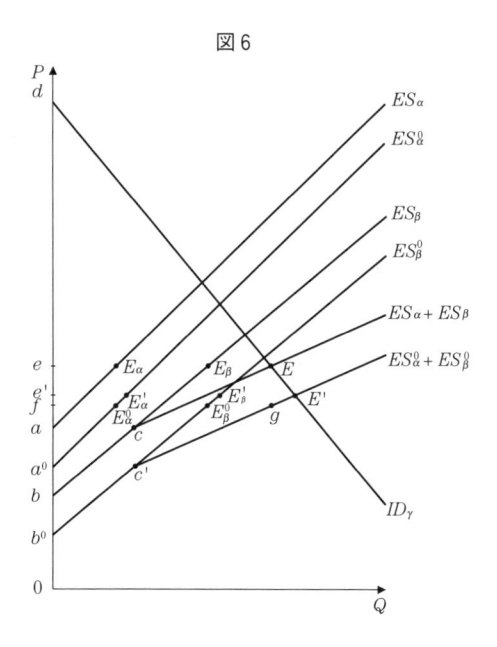

図 6

率はゼロとなるので，α 国，β 国の輸出供給曲線はともに下方にシフトし，それぞれES_α^0，ES_β^0となる。したがって，α 国と β 国を合わせた総輸出供給曲線は点 c' で屈折した（$ES_\alpha^0 + ES_\beta^0$）となり，点 E' で ID_γ と交わる。つまり，3 国の市場価格はともに e' となり，α 国と β 国がそれぞれ（$E_\alpha' - e'$）および（$E_\beta' - e'$）の輸出を行い，γ 国が（$E' - e'$）の輸入を行うことになる。また，このとき，社会的余剰は，当該財を自給した場合と比較して，α 国では△e'$E_\alpha'a^0$，β 国では△e'$E_\beta'b^0$，γ 国では△de'E'増大する。なお，この場合，γ 国の関税収入がゼロになるのは明らかである。

　3 カ国間の貿易が完全に自由化される前後で，各国の貿易量や市場価格，経済厚生は次のように変化する。なお，図 6 には，図 2 と全く同じ記号を使って，3 カ国間の貿易が完全に自由化される前の均衡解についても図示されている。

　①α 国では，市場価格が f から e' に上昇し，輸出量が（$E_\alpha - e$）から（$E_\alpha' - e'$）

103

に増加する。そして，社会的余剰も（△e'$E_α$'a^0 − △f$E_α^0 a^0$）だけ増大し，3カ国間の貿易が完全に自由化されることで，$α$国の経済厚生は高まる。

②$β$国では，市場価格がfからe'に上昇し，輸出量も（$E_β$ − e）から（$E_β$' − e'）に増加する。そして，社会的余剰も（△e'$E_β$'b^0 − △f$E_β^0 b^0$）だけ増大し，3カ国間の貿易が完全に自由化されることで，$β$国の経済厚生は高まる。

③$γ$国では，市場価格がeからe'に下落し，輸入量が（E − e）から（E' − e'）に増加する。そして，社会的余剰も（△de'E' − △deE）だけ増大する。一方，関税収入は（□ef$E_α^0 E_α$ + □ef$E_β^0 E_β$）からゼロに減少する。したがって，$γ$国の経済厚生は，以上の社会的余剰の増大が関税収入の減少を上回れば高まり，反対に前者が後者を下回れば低下する。

④3カ国の貿易が完全に自由化されることで，死荷重（△EgE'）が除去され，3国の経済厚生の合計は最大となる。

以上より，WTOの下，貿易が完全に自由化された場合，3国の経済厚生の合計が最大になること，および，すべての輸出国が輸出量を増大させ，経済厚生を高めることが明らかとなった。一方，輸入国では輸入量が増大し，社会的余剰は増大するものの，関税収入の減少によって，場合によっては経済厚生が低下することが明らかとなった。つまり，場合によって，輸入国の経済厚生が低下するという点については，WTOはFTAと同じ経済効果をもつ。

5．おわりに

本章では，FTAの経済効果を図示する際に従来仮定されてきた2国間貿易の仮定と「小国の仮定」を緩和し，「大国の仮定」の下，3カ国間貿易を図示する方法を提示した。また，その方法をFTA（およびWTO）の部分均衡分析に適用し，その経済効果を明らかにした。そしてその結果，第1に，FTAは域内輸出国の経済厚生を高めるが，域外輸出国の経済厚生を低下させるという差別性をもつこと。第2に，FTAは，場合によっては域内輸入

第 2 章　図解FTA——3 カ国間貿易の部分均衡分析

国の経済厚生を低下させること。第 3 には，WTOの下，貿易を完全に自由化したとしても，FTAと同様，場合によっては輸入国の経済厚生が低下すること。以上の 3 点が明らかになった。

　それでは，輸入国における経済効果の低下を排除するにはどうしたらよいだろうか。本章を結ぶにあたって，その方策について若干言及したい。

　本章ではある 1 つの財についてしか分析を行わなかったが，周知のとおり，1 つの国においては，ある財については輸入が行われ，他の財については輸出が行われるのが一般的である。そして，FTAを締結したりWTOに加盟したりする際，政府は国益（一国全体の経済厚生）を最大にするという目的をもって交渉に臨む。ここで，その際最低限必要なことは，輸出財について経済厚生の増大を享受する代わりに，輸入財については経済厚生の低下を甘んじて受け入れるという国民的な合意が形成されていない限り，輸入財に関する経済厚生の低下が少なくともゼロとなるように，最低関税率を設定するということである。つまり，輸入財については，少なくとも社会的余剰の増大が関税収入の減少を相殺するように最低関税率を設定する必要がある。この最低関税率は，FTAやWTOが目標とするゼロの値をとる場合もあろうが，正の値をとる場合もあろう。最低関税率が国別・輸入財別にどのような値となるか，その具体的な計測が今後の課題として残されている。

（注 1）ケイブズ他 [2] を参照。
（注 2）鈴木 [3] を参照。
（注 3）関税以外の取引費用については，次節以降も，一切かからないと仮定する。
（注 4）池間 [1] を参照。

〔付記 1〕本章は，拙著「輸入国における最低関税率設定の意義」『農林経済』第9669号，2005年，pp.8-14，を加筆・修正したものである。
〔付記 2〕作図にあたっては，九州大学の狩野秀之氏から多大なる協力を得た。記して感謝申し上げたい。

引用文献

［1］池間誠『国際複占競争への理論』文眞堂，1991年。
［2］ケイブズ，R. E.・J. A. フランケル・R. W. ジョーンズ（田中勇人・伊藤隆敏訳）『国際経済学入門Ⅰ　国際貿易編』日本経済新聞社，2003年。
［3］鈴木宣弘『FTAと日本の食料・農業』筑波書房，2004年。

第3章　東アジアにおける生乳自由貿易の影響分析

木下順子・永田依里

1．はじめに

　生乳（未処理乳）は，日本ではウルグアイ・ラウンド以前からの自由化品目であり，現在の実行関税率は21.3％，牛乳（処理乳）では25％（ただし関税割当枠内）である。すでにほとんどの乳製品の関税率より低く，韓国・中国等の近隣国の酪農生産費を考えると，現状でも日本に生乳・牛乳（以下「生乳」と略）が輸入されてもおかしくない水準に近づいている。今後韓国や中国が生乳輸出余力をどれだけもち得るのか，また，乳質や衛生規準等の非関税面での条件をどの程度のコストでクリアできるのかにもよるが，中長期的には海外から国内に生乳が入ってくる可能性も踏まえ，今後の酪農政策等のあり方について議論を掘り下げておくことは必要と考える。

　こうした状況に加えて，日本と韓国の間では現在，ゼロ関税をめざす自由貿易協定（FTA）交渉が進行中である。もし日韓FTAに生乳が含まれれば，日本の生乳はどの程度センシティブか，それに応じてどのような政策措置が必要なのかを検討するため，また国内的説明や相手国への説明のためにも，生乳貿易が現実化した場合の経済的影響を数量データや計量モデル分析にもとづいて予測・検証してみることが有益である。計量モデル分析は，様々な

影響要因や前提条件の組み込み方によって結果が左右される問題が強調される場合もあるが，一方で，問題発生と解決への論理や洞察，情況判断の過程等を明示し，論点を整理することを通じて，さらなる議論の素材を提供する有効なツールとなり得る意義は特に注目されるべきである。

　この章では，最も基本的な連立方程式モデルによる分析事例を示そう。ここでは仮に，韓国や中国が乳価に応じていくらでも生乳を輸出できると前提して，もし東アジアFTAにより生乳のゼロ関税が実現すれば，現行における各国の乳価格差や生乳市場構造の下ではどの程度の生乳貿易が発生すると考えられるのか，各国の生乳需給はどのように変化するか，また，その影響は日韓貿易の場合と日中韓貿易の場合とでいかに違ってくるのか，といった問題を検証してみる。分析モデルはつぎの3ケースについて展開する。第一（モデル1）は日韓貿易の場合，第二（モデル2）は日中韓貿易の場合，第三（モデル3）は輸入生乳よりも国産の方が高く評価されること（以下「国産プレミアム」という）を考慮した場合である。

2．日韓モデル（モデル1）

(1) 前提条件

　まず，日韓FTAの下で，韓国との間で生乳貿易が発生した場合のモデルを展開しよう。論点を明確にするため，生乳1財の部分均衡モデルとする。また，輸入された生乳は韓国と最も近い九州地域（沖縄を除く7県）のみで販売されると仮定し，九州以外の日本国内の乳価や生乳需給への影響波及は考慮しない。その他の市場条件についても，単純化の前提をつぎのように設定する。

①生乳の同質性

　生乳の品質格差や原産地等による差別化はなく，同質（完全代替関係）と仮定する。したがって，輸送費を上回る乳価格差があれば貿易が行われ，両国の乳価格差がちょうど輸送費に等しくなる点で貿易量が決められる（完全

競争市場)。

②輸送費

釜山から九州北部への生乳輸送を想定すると,たとえば北海道から首都圏への海上輸送費約17円/kg(土井他,1995)よりもかなり安いと考えられる。ここでは仮に約3分の1の6円/kgとして,輸送費以外の輸出入に係る費用は無視し,韓国産の生乳は日本では韓国の乳価プラス6円で販売されると仮定する。

③生乳供給関数

生乳供給関数をつぎのように導出する。まず,両対数線形型の供給関数を仮定し,i国(九州または韓国)の生乳生産量S_iおよび国内乳価P_iについて,

(1)　$S_i = a_i P_i^{b_i}$

が成り立つと仮定する。ただし,a_iは定数項,b_iは生乳生産の価格弾力性値を示す。ここで,b_iを生乳生産の長期価格弾力性とし,過去のある期(基準年)の生乳生産量S_{0i}および当時の国内乳価P_{0i}についても同様に,

(2)　$S_{0i} = a_i P_{0i}^{b_i}$

が成り立つとすれば,(1)/(2)により,

(3)　$S_i / S_{0i} = (P_i / P_{0i})^{b_i}$ または

(4)　$S_i = S_{0i} (P_i / P_{0i})^{b_i}$

が得られる。この(4)式のS_{0i},P_{0i}およびb_iの各値を外生的に与えれば,i国の生乳供給関数が国内乳価のみの関数として表される。

④生乳需要関数

③と同様の手順で導出する。すなわち,(4)式のS_i,S_{0i}およびb_iを,それぞれ生乳需要量D_i,過去のある期(基準年)の生乳需要量D_{0i},および生乳需要の価格弾力性値c_iに置き換えれば,

(5)　$D_i = D_{0i} (P_i / P_{0i})^{c_i}$

が得られる。(5)式のD_{0i},P_{0i}およびc_iの各値を外生的に与えれば,i国の生乳需要関数が国内乳価のみの関数として表される。

⑤用途別乳価と生産者補給金

現在，日本で生産された生乳の実需者支払乳価は，酪農協を通じた用途別乳価設定（最終用途によって需要の価格弾力性が異なることを利用した価格差別）により，飲用乳価の方が加工向け乳価よりも高く設定されている。一方，生産者受取乳価（総合乳価）は，限度数量内の加工向け生乳に対して国からの生産者補給金（10.3円/kg）を加算後，両用途の加重平均価格として計算される。しかし，生乳輸入開始後は，九州では用途別乳価は消滅し，生産者補給金の給付もなくなると仮定する。したがって，九州の飲用乳価と加工向け乳価は等しく，総合乳価に等しくなる。ただし，九州以外の日本国内では輸入前と等しい用途別乳価水準が維持されると仮定する。

⑥九州からの生乳移出

九州からの生乳移出量は，輸入開始後も飲用向けに年間17.8万トン（農林水産省『牛乳・乳製品統計』，2001年現在の純移出量）で不変と仮定する。また，移出に係る輸送費は14.3円/kg（土井他，1995）とする。したがって，九州の生産者が移出分について受け取る乳価は，九州以外の飲用乳価（90.1円/kgで不変と仮定）から輸送費を差し引いた75.8円/kgとなる。

⑦東アジア圏外との乳製品貿易

現在，日本および韓国は乳製品の純輸入国であり，日本は年間約400万トン（生乳換算，農林水産省『食糧需給表』，2001年），韓国は年間約70万トン（生乳換算，USDA『Dairy: World Markets and Trade』，2001年）を，いずれもオーストラリアやニュージーランド等から輸入している。しかし，本モデルでは乳製品貿易の影響は考慮せず，九州および韓国の生乳需要量の合計は供給量の合計と一致すると仮定する。

(2) モデル導出

現行（2001年）の韓国乳価は60円/kgであり，九州に輸入された場合は，輸送費6円/kgを足した66円/kgで販売される。一方，現行の九州の乳価は，飲用90.1円/kg，加工向け61.8円/kgであるから，韓国の生乳を輸入した場合は，飲用乳価よりも安いが，加工向けは国産の方が安い。したがって，九州

第 3 章　東アジアにおける生乳自由貿易の影響分析

表 1　モデルの外生パラメータに適用する数値データ

データ項目，記号（単位）	数値	出所，観測年または計測期間
基準年生乳生産量，S_{0i}（万トン）		
九州	79.8	農水省「牛乳乳製品統計」，2001 年
韓国	233.9	USDA「Dairy: World Markets and Trade」，2001 年
中国	1025.5	USDA「Dairy: World Markets and Trade」，2002 年
基準年生乳需要量，D_{0i}（万トン）		
九州（飲用向）	49.5	農水省「牛乳乳製品統計」飲用向処理量，2001 年
〃　（加工向）	12.5	農水省「牛乳乳製品統計」加工向処理量，2001 年
韓国	233.9	生産量に等しいと仮定
中国	1025.5	生産量に等しいと仮定
基準年乳価，P_{0i}（円/kg）		
九州：総合乳価（生産者受取）	86.8	農水省「農業物価統計」「牛乳乳製品統計」，2001 年 注1
〃　：飲用乳価（実需者支払）	90.1	逆算値 注2
〃　：加工向乳価（実需者支払）	61.8	基準取引価格，2000 年
韓国	60.0	韓国酪農振興会からの聞き取り，2001 年 注3
中国	20.3	Wattiaux et al.（2002）による調査，1999 年 注4
供給の長期価格弾力性，b_i		
九州	1.979	鈴木（2002）による計測，1980〜1994 年
韓国	0.870	Song and Sumner（1999）による計測，1975〜1998 年
中国	1.000	Oga and Yanagishima（1996）による計測
需要の価格弾力性，c_i		
九州（飲用向）	−0.852	鈴木（2002）による計測，1980〜1994 年
〃　（加工向）	−1.848	Kinoshita et al.（2004）による計測，1981〜2000 年
韓国	−1.580	Song and Sumner（1999）による計測，1975〜1998 年
中国	−0.130	Oga and Yanagishima（1996）による計測

注：1) 県別総合乳価の加重平均価格として算出した。
　　2) 飲用乳価と加工向乳価との加重平均価格が総合乳価である関係式により逆算した。
　　3) 10won/yen として円換算した。
　　4) 調査対象農家 5 件における単純平均価格を，US$ ペッグ制 8.28yuan/US$ および 110yen/US$ として円換算した。

の飲用需要のうち，九州の生産では足りない部分が韓国から輸入され，加工向け需要については九州以外の国内産地からの移入で賄われると仮定する。

すなわち，九州の輸入量 I_J は，九州の生乳生産量 S_J から移出量 17.8 万トンを差し引いた供給量では九州の飲用需要 DF_J を満たせない分

(6)　$I_J = DF_J - (S_J - 17.8)$

として表される。ここで S_J は，(4)式に表 1 の数値データを適用して，九州の総合乳価 PB_J のみの関数

(7)　$S_J = 79.8 (PB_J / 86.8)^{1.979}$

となる。DF_Jは，(5)式に表1の数値データを適用して，九州の実需者支払乳価PD_Jのみの関数

(8)　$DF_J = 49.5(PD_J/90.1)^{-0.852}$

となる。PB_Jは，域外移出分の乳価と九州の飲用乳価の加重平均価格であるから，

(9)　$PB_J = [75.8 \times 17.8 + PD_J \times (S_J - 17.8)]/S_J$

と表される。PD_Jの水準は，輸入にともなって韓国の乳価P_Kに輸送費6円/kgを加えた

(10)　$PD_J = P_K + 6$

まで低下する。

韓国の日本向け輸出量X_Kは，韓国の生乳生産量S_Kから需要量D_Kを差し引いた

(11)　$X_K = S_K - D_K$

として表される。ここでS_KおよびD_Kは，それぞれ(4)および(5)式に表1の数値データを適用して，韓国の乳価P_Kのみの関数

(12)　$S_K = 233.9(P_K/60.0)^{0.870}$

および

(13)　$D_K = 233.9(P_K/60.0)^{-1.580}$

となる。P_Kの水準は日韓の生乳需給が一致する点で決まるため，

(14)　$P_K = P_K(DF_J + D_K)/(S_J - 17.8 + S_K)$

という関係式が成り立つ。

〈モデル1〉

$I_J = DF_J - (S_J - 17.8)$

$S_J = 79.8(PB_J/86.8)^{1.979}$

$DF_J = 49.5(PD_J/90.1)^{-0.852}$

$PB_J = [75.8 \times 17.8 + PD_J(S_J - 17.8)]/S_J$

$PD_J = P_K + 6$

$X_K = S_K - D_K$

$S_K = 233.9\,(P_K/60.0)^{0.870}$

$D_K = 233.9\,(PK/60.0)^{-1.580}$

$P_K = P_K\,(DF_J + D_K) / (S_J - 17.8 + S_K)$

3．日中韓モデル（モデル2）

　つぎに，日中韓FTAの下で生乳貿易が発生した場合のモデルを展開しよう。ここでも価格競争力のみにもとづいて，日中韓のうち最も安価な中国の生乳が九州と韓国へ輸出されるシナリオを想定する。日韓のみの貿易では輸出国となり得る韓国が，中国が加わると，中国からの輸入国に転じるのである。

　生乳輸送費は，九州・中国間および韓国・中国間を同じ6円/kgと仮定する。また，中国は現在，香港や東南アジア等へ年間約2万トンの純輸出（生乳換算，USDA『*Dairy: World Markets and Trade*』，2001年）を行っているが，日中韓貿易開始後は，中国の輸出はすべて九州および韓国向けに振り替えられると仮定する。つまり，日中韓の生乳需要量の合計は，生乳生産量の合計に一致すると仮定する。その他の前提は，先の日韓モデルと同様とする。

　すると，現行（2001年）の中国乳価は20.3円/kgであるから，九州に輸入された場合は，輸送費6円/kgを足した26.3円/kgで販売される。したがって，飲用だけでなく加工向けとしても輸入が行われる。すなわち，九州の輸入量I_Jは，九州の生乳生産量S_Jから移出量17.8万トンを差し引いた供給量では九州の総需要（飲用需要DF_J＋加工向け需要DM_J）を満たせない分

(15)　$I_J = DF_J + DM_J - (S_J - 17.8)$

として表される。DM_Jは，(5)式に表1の数値データを適用して，九州の実需者支払乳価PD_Jのみの関数

(16)　$DM_J = 12.5\,(PD_J/61.8)^{-1.848}$

となる。PD_Jの水準は，輸入にともなって中国の乳価P_Cに輸送費6円/kgを

加えた

(17)　$PD_J = P_C + 6$

まで低下する。S_J, DF_JおよびPB_Jについては，それぞれ日韓モデルと同じ(7), (8), (9)式を用いる。

　韓国の輸入量I_Kは，韓国の需要量D_Kから生産量S_Kを差し引いた

(18)　$I_K = D_K - S_K$

として表される。韓国の乳価P_Kは，輸入にともなって中国の乳価P_Cに輸送費6円/kgを加えた

(19)　$P_K = P_C + 6$

まで低下する。S_KおよびD_Kは，それぞれ日韓モデルと同式を用いる。

　中国の輸出量X_Cは，中国の生産量S_Cから国内需要量D_Cを差し引いた

(20)　$X_C = S_C - D_C$

として表される。S_CおよびD_Cは，それぞれ(4)および(5)式に表1の数値データを適用して，中国の乳価P_Cのみの関数

(21)　$S_C = 1025.5 \, (P_C/20.3)^{1.000}$

および

(22)　$D_C = 1025.5 \, (P_C/20.3)^{-0.130}$

となる。P_Cの水準は日中韓の生乳需給が一致する点で決まるため，

(23)　$P_C = P_C \, (DF_J + DM_J + D_K + D_C) / (S_J - 17.8 + S_K + S_C)$

という関係式が成り立つ。

〈モデル2〉

$I_J = DF_J + DM_J - (S_J - 17.8)$

$S_J = 79.8 \, (PB_J/86.8)^{1.979}$

$DF_J = 49.5 \, (PD_J/90.1)^{-0.852}$

$DM_J = 12.5 \, (PD_J/61.8)^{-1.848}$

$PB_J = [75.8 \times 17.8 + PD_J \, (S_J - 17.8)] / S_J$

$PD_J = P_C + 6$

$I_K = D_K - S_K$

$S_K = 233.9 \, (P_K/60.0)^{0.870}$

$D_K = 233.9 \, (P_K/60.0)^{-1.580}$

$P_K = P_C + 6$

$X_C = S_C - D_C$

$S_C = 1025.5 \, (P_C/20.3)^{1.000}$

$D_C = 1025.5 \, (P_C/20.3)^{-0.130}$

$P_C = P_C \, (DF_J + DM_J + D_K + D_C) / (S_J - 17.8 + S_K + S_C)$

4．国産プレミアムの組み込み（モデル3）

　以上のモデル1および2では，各国で生産された生乳の同質性を仮定した。しかし，より現実的には，日本の実需者や消費者の産地選好度，とりわけ国産品が高く評価される傾向（「国産プレミアム」がある場合）を考慮したモデルが必要であろう。国産プレミアムとは，ここでは，原産国の違い以外の品質は同等の国産品と輸入品との間で，国産品の方が高価格で買われる場合の価格差を示すことにする。

　しかし，現在は輸入されていない生乳の国産プレミアムをどの程度と見込み，どのように指標化してモデルに組み込むのかは，難しい問題である。以下では，きわめて簡便な一つの方法を示すことにしよう。

　まず，九州の生乳に国産プレミアムが発生する可能性については，たとえば，飲用牛乳の購買行動に関する図師（2004）の消費者アンケートの結果が参考になる。同調査では，福岡市内の一般消費者41人を対象に，「日本で小売価格180円の標準的な牛乳が，仮に韓国産または中国産だった場合，いくらであれば購入するか」と質問し，回答金額を平均すると，韓国産94.5円，中国産72.9円であった。これを，国産品と輸入品との違い以外は同等の飲用牛乳に対する消費者の支払意思額の格差が，韓国産の場合85.5円，中国産の場合107.1円であると解釈すると，これらの金額を国産プレミアムと呼ぶこ

とができる。支払意志額の格差率を求めると，韓国産に対して1.90（国産には韓国産の1.9倍支払う意思がある），中国産に対して2.47（国産には中国産の2.47倍支払う意思がある）となる。

ただし，これは飲用牛乳の小売段階の調査結果であり，生乳の場合にそのまま適用することは本来妥当ではないが，仮に適用してみると，九州の飲用乳価が90.1円/kgのとき，輸入品に対する支払意志額は，韓国産ならば47.3円/kg，中国産ならば36.5円/kgとなる。ちょうどこの価格水準で，九州産と輸入品とが完全代替関係になると解釈してみよう。すると，韓国の乳価が60円/kg（九州での販売価格66円/kg）である現状では，輸入は全く行われない。一方，現行の中国の乳価は20.3円/kg（九州での販売価格26.3円/kg）であるから，輸入が行われる。つまり，上記の程度の国産プレミアムを仮定すれば，日本の生乳輸入先は中国のみとなる。ただし，加工向け乳価61.8円/kgと比較した中国産生乳への支払意志額は25.0円/kgであるから，九州が中国から輸入するのは飲用のみとなり，加工向け需要はすべて九州以外の国内産地からの移入で賄われる。

さらに，韓国でも同様に，国産プレミアムが発生することを仮定しよう。中国産に対する支払意志額格差率を同じく2.47とすれば，韓国の乳価が60円/kgのとき，中国からの輸入に対する支払意志額は24.3円/kgとなる。したがって，中国の乳価が20.3円/kg（韓国での販売価格26.3円/kg）のとき，韓国は中国から全く輸入しない。つまり，日中韓モデルに国産プレミアムの影響を考慮すると，韓国を除いた日本と中国の間のみの貿易モデルとなる。

すなわち，九州の輸入量I_Jは，九州の生乳生産量S_Jから移出量17.8万トンを差し引いた供給量では九州の飲用需要DF_Jを満たせない分

(24)　　$I_J = DF_J - (S_J - 17.8)$

として表される。九州の乳価PD_Jは，輸入にともなって，中国の乳価P_Cとの格差がちょうど「輸送費＋国産プレミアム分」となる

(25)　　$PD_J = 2.47(P_C + 6)$

まで低下する。ここで，倍率2.47は中国産に対する国産への支払意志額格差

率である。P_Cの水準は日中の生乳需給が一致する点で決まるため，

(26)　$P_C = P_C (DF_J + D_C) / (S_J - 17.8 + S_C)$

という関係式が成り立つ。

〈モデル3〉

$I_J = DF_J - (S_J - 17.8)$

$S_J = 79.8 \, (PB_J/86.8)^{1.979}$

$DF_J = 49.5 \, (PD_J/90.1)^{-0.852}$

$PB_J = [75.8 \times 17.8 + PD_J (S_J - 17.8)] / S_J$

$PD_J = 2.47 (P_C + 6)$

$X_C = S_C - D_C$

$S_C = 1025.5 \, (P_C/20.3)^{1.000}$

$D_C = 1025.5 \, (P_C/20.3)^{-0.130}$

$P_C = P_C (DF_J + D_C) / (S_J - 17.8 + S_C)$

5．分析結果

(1)　日韓貿易の場合

　以上の3つのモデルをそれぞれ連立方程式体系として解き，結果を表2に示している。

　まず，日韓モデル（モデル1）の結果を見てみよう。日韓の間の生乳貿易量は26.2万トンであり，韓国の生乳生産量の約10％，九州の生乳需要の35％にあたる。韓国の乳価は62.9円/kgに上昇し，輸出額は約164億8千万円と計算される。

　九州の飲用乳価は，現状値90.1円/kgから68.9円/kg（76.4％）に低下している。また，九州の生産者受取乳価は，現状値86.8円/kgから71.1円/kg（81.9％）に低下している。乳価下落のため，九州の生乳生産量は，現状値79.8万トンから53.8万トン（67.4％）に減少するが，片や需要量は現状値62.1

表2 東アジア生乳貿易による生乳需給，乳価，生乳生産額および生乳自給率の変化

	変数		単位	現状値	モデル1 日韓貿易		モデル2 日中韓貿易		モデル3 日中韓貿易 国産プレミアムあり	
九州	生産量	(a)	万トン	79.8	53.8	(67.4)	34.1	(42.7)	51.4	(64.4)
	域外移出量（一定と仮定）		万トン	17.8	17.8		17.8		17.8	
	輸入量		万トン	0.0	26.2		128.2		30.8	
	韓国から		万トン	0.0	26.2		0.0		0.0	
	中国から		万トン	0.0	0.0		128.2		30.8	
	需要量（九州内のみ）	(b)	万トン	62.1	74.8	(120.5)	144.5	(232.8)	76.9	(124.0)
	飲用向		万トン	49.5	62.3	(125.7)	109.5	(221.2)	64.4	(130.0)
	加工向		万トン	12.5	12.5	(100.0)	35.0	(278.7)	12.5	(100.0)
	総合乳価（生産者受取）	(c)	円/kg	86.8	71.1	(81.9)	56.5	(65.1)	69.5	(80.1)
	飲用乳価（実需者支払）		円/kg	90.1	68.9	(76.4)	35.5	(39.4)	66.2	(73.5)
	加工向乳価（実需者支払）		円/kg	61.8	−		−		−	
	生産額 (a×c)		億円	692.8	382.7	(55.2)	192.4	(27.8)	357.1	(51.5)
	自給率 (a/b)		%	128.6	71.9		23.6		66.8	
韓国	生産量	(e)	万トン	233.9	243.6	(104.1)	148.1	(63.3)	233.9	(100.0)
	輸出量（九州へ）		万トン	0.0	26.2		0.0		0.0	
	輸入量（中国から）		万トン	0.0	0.0		388.0		0.0	
	国内需要量	(f)	万トン	233.9	217.3	(92.9)	536.2	(229.2)	233.9	(100.0)
	乳価	(g)	円/kg	60.0	62.9	(104.7)	35.5	(59.2)	60.0	(100.0)
	生産額 (e×g)		億円	1403.4	1530.8	(109.1)	525.8	(37.5)	1403.4	(100.0)
	自給率 (e/f)		%	100.0	112.1		27.6		100.0	
中国	生産量	(h)	万トン	1025.5	−		1492.8	(145.6)	1052.8	(102.7)
	輸出量		万トン	0.0	−		516.2		30.8	
	九州へ		万トン	0.0	−		128.2		30.8	
	韓国へ		万トン	0.0	−		388.0		0.0	
	国内需要量	(i)	万トン	1025.5	−		976.6	(95.2)	1022.0	(99.7)
	乳価	(j)	円/kg	20.3	−		29.5	(145.6)	20.8	(102.7)
	生産額 (h×j)		億円	2077.7	−		4402.7	(211.9)	2189.6	(105.4)
	自給率 (h/i)		%	100.0	−		152.9		103.0	

注：（ ）内は現状値を100とする指数。

万トンから74.8万トン（120.5％）に増加している。この結果，九州の「生乳自給率」，すなわち九州の生乳需要を九州内で供給できる割合は71.9％にまで低下している。

　一方，韓国の乳価は，現状値60円/kgから62.9円/kg（104.7％）に若干上昇している。乳価上昇のため，韓国の生乳生産は刺激されて，現状値233.9万トンから243.6万トン（104.1％）へ，約10万トン増えている。一方，需要量は，217.3万トン（92.95％）に減少している。

(2) 日中韓貿易の場合

つぎに，日中韓モデル（モデル2）の結果を見てみよう。中国が加わった場合，韓国は日本と同様，大量の生乳を中国からの輸入に依存することになる。また，中国の生乳は日本の加工向け乳価水準よりもかなり安く輸入されるため，日本は日韓貿易の場合よりもはるかに大きな影響を受ける。

表2を見ると，九州の輸入量は128万トン，韓国の輸入量は388万トン，計516万トンが中国から輸出されている。中国の生乳生産量の約35％が輸出され，九州では需要量の約90％を輸入で賄うことになる。韓国では，需要量の約70％を輸入で賄う。中国の乳価は，現状値20.3円/kgから29.5円/kg（145.6％）に上昇し，輸出額の合計は約1,522億円と計算される。

九州の飲用乳価は35.5円/kg（39.4％），生産者受取乳価は56.5円/kg（65.1％）へと，大幅に低下している。乳価下落のため，九州の生乳生産量は34.1万トン（42.7％）に減少するが，片や需要量は144.5万トン（232.8％）にまで増加する。この結果，九州の自給率はわずか23.6％となっている。

韓国の乳価も，九州の乳価と同じ35.5円/kg（59.2％）に低下する。生産量は148.1万トン（63.3％）に減少し，片や需要量は536.2万トン（229.2％）に増加している。自給率はわずか27.6％となる。

一方，中国の生乳生産量は，乳価上昇により，現状値1,025.5万トンから1,492.8万トン（145.6％）に増加している。一方，中国の国内需要は976.6万トン（95.2％）に縮小している。

(3) 国産プレミアムがある場合

中国酪農の現状に関して日本で知られる情報は極めて少ないのだが，生源寺（2003）が指摘しているように，中国では輸入乳製品が国産よりも全般に高く売られていることなど，品質面での中国産の生乳・乳製品の国際競争力はまだ弱いと考えられる。これは，もし日本や韓国に輸出が行われる場合には大きな障壁となるだろう。日本や韓国で，中国との生産費格差が相殺され

るほど大きな国産プレミアムが発生すれば，生乳貿易がほとんど生じない場合もあると考えられる。

モデル3は，国産プレミアムのため，韓国は中国産の生乳を全く輸入せず，日本は中国産が国産のほぼ半額以下でなければ輸入しないことが仮定されている。表2により分析結果を見ると，九州が受ける影響は，日韓貿易の場合にほぼ近い程度に緩和されている。中国の輸出量は約30万トン，輸出額は62億4千万円となる。この程度の輸出であれば，中国の乳価や生乳需給にはほとんど変化がない。

このように，国産プレミアムを考慮した場合には，それを考慮しない場合よりもかなり貿易量が抑制される。もし国産プレミアムが生乳生産費の内外格差を上回るほど十分に大きければ，国内酪農は競争できる。今後国産プレミアムの維持や拡大をどれだけ図れるかが，競争可能性を決める一つのポイントとなるだろう。

参考文献
趙錫辰（2005）『韓国酪農産業の課題と展望』酪農総合研究所，酪総研選書No.80。
土井時久・山本康貴・丸山明・伊藤房雄（1995）『飲用向け生乳の広域流通，2000年の予測』酪農総合研究所，酪総研特別選書No.39。
川口雅正・鈴木宣弘・小林康平（1994）『市場開放下の生乳流通――競争と協調の選択』農林統計協会。
彭代彦（2002）「中国が生乳を日本へ輸出する可能性を探る」時事通信社『農林経済』9599号。
Kinoshita, J., N. Suzuki, and H. M. Kaiser (2004) An Economic Evaluation of rbST Approval in Japan. *Journal of Dairy Science* 87(5), pp.1565-1577.
中原雅人（2003）『日韓FTAが九州の牛乳需給に及ぼす影響』（九州大学卒業論文）。
Oga, K. and K. Yanagishima (1996) *International Food and Agricultural Policy Simulation Model - User Guide*. JIRCAS Working Report 1. JIRCAS, Tsukuba, Japan.
大浦裕二・河野恵伸・合崎英男・佐藤和憲（2002）「選択型コンジョイント分析による青果物産地のブランド力の推定」日本農業経営研究会『農業経営研究報告論文』第40巻1号，pp.106-111。
Song, J. H. and D.A. Sumner (1999) Dairy Demand, Supply and Policy in Korea:

Potential for International Trade. *Canadian Journal of Agricultural Economics* 47(5), Special Issue, pp.133-142.
鈴木宣弘(2002)『寡占的フードシステムへの計量的接近』農林統計協会,第4章。
生源寺眞一(2003)「解題——中国の酪農・乳業をめぐって」『中国の酪農・乳業の現状と課題』中央酪農会議,世界の酪農・農業No.7,pp.9-19。
Wattiaux, M. A., G.G. Frank, J. M. Powell, Z. Wu, and Y. Guo (2002) *Agriculture and Dairy Production Systems in China: An Overview and Case Studies.* Babcock Institute Discussion Paper 2002-3, Collage of Agricultural and Life Sciences, Wisconsin, US.
図師直樹(2004)『牛乳の商品特性に対する消費者評価分析』(九州大学卒業論文)。

第3章補論　　日韓10地域モデルによる生乳貿易の分析
狩野秀之

　木下らの分析では，韓国や中国から九州に生乳・牛乳が輸出される可能性に焦点を絞り，日本については九州のみを考慮したモデルが用いられた。しかし，嶺南大学校趙教授は，北海道から韓国へ生乳が輸出される可能性も指摘している。実は，日本にとって，これは，いま重要な選択肢になりつつある。現在，日本では，脱脂粉乳の過剰在庫が累積しているため，生乳生産を抑制するか，チーズ用生乳仕向けを増加するかが議論されている。しかし，北海道は生産抑制をする意志はない。かといって，手取り乳価が30～40円程度にしかならないチーズ向けを増やすと，北海道のプール乳価が下がり，都府県との乳価水準の乖離が広がる。北海道にとっては，チーズ向けを増やすより，都府県向け生乳移送を増加するか，産地パックを拡大してパックされた製品牛乳の都府県向け移送を増加する方がメリットがある。すでに，北海道での産地パックが増加し始めている。これは，新たな「南北戦争」の始まりを意味する。
　そこで，もう一つの可能性として浮上しているのが，ホクレン丸がソウルに向かうという選択肢である。韓国の生産者乳価が73円程度に上昇してきていることを考慮すると，小樽からソウルまでの輸送費10円程度，韓国での関税36%をかけても，30円程度のチーズ向け乳価よりは高い手取りが確保でき

る可能性も出てきている。

　そこで，ここでは，日本を北海道，東北，関東・東山，北陸，東海，近畿，中国，四国，九州の9ブロックに分割し，これに韓国を加えた10地域の空間均衡モデルを用いて，北海道と韓国間の生乳貿易の可能性も検討する。ただし，韓国の乳価はごく最近の上昇は考慮せず，60円のままとする。一方，日韓FTAにより，韓国の生乳の関税36％はゼロになると想定する。

　モデルの基本型は，川口・鈴木・小林（1994）の日本の9ブロック・モデルであり，これに木下らが用いた韓国の生乳需要関数・供給関数を加えた。日本と韓国の各地域間の輸送費については，北海道（小樽）からソウルまでの輸送費を10円とし，その他については，北海道—関東・東山間の輸送費17円から距離当たりの単位輸送費を求め，例えば，その単位輸送費に博多—釜山間の距離をかけて，3.24円というように求めた。このため，九州—韓国間の輸送費は，先の木下らのモデルの6円よりさらに小さく設定されている。なお，各地域では，生乳販売収入から輸送費と出荷団体の手数料（2円/kg）が差し引かれたものが，プール乳価として生産者に支払われるものと想定している。

　10円程度の補給金が生産者に支払われる加工原料乳の限度数量は，脱脂粉乳の過剰在庫を理由にして，200万トン程度に減らされる見込みなので，200万トンに設定する。限度数量内の加工原料乳の取引価格は，行政価格（基準取引価格）が廃止されても，ほぼ据え置かれているので，平成12年度の基準取引価格58.9円（消費税を含まない）を用いる。補給金は，平成16年度の10.52円とする。なお，乳製品関税が低い韓国では，基本的な生乳仕向け先は飲用市場であるので，用途別市場は存在しないものとした。

　チーズ用途への仕向けが奨励されている状況を反映するため，限度数量を超えた生乳については，チーズ向け生乳乳価として30円が支払われるものと想定する。

　なお，試算は，すべての国・地域がprice-takerとして行動する場合と全ての国・地域が単独でクールノー型の行動をする場合の2つのケースについて

行う。試算結果は,表1と表2に掲載した。

表1の完全競争の場合,日本から韓国への生乳輸出は発生しないが,韓国から九州に15.6万トンの生乳輸出が見込まれる。韓国の乳価は,2円の手数料の差し引きを考慮しなければ,62.3円で,当初の60円より上昇する。この試算結果は,先の木下らの九州—韓国モデルの結果と,整合的である。

次に,表2のクールノー型の行動を仮定した不完全競争の場合,同じ地域同士で,輸出と輸入が相互に発生する特徴がある。なかでも,注目されるのは,北海道から韓国への76.6万トンという輸出の可能性が示唆されていることである。一方,韓国も,北海道を含む日本の各地域へ生乳を輸出する可能性が示されている。とくに,関東への22.4万トン,九州への16.4万トン,近畿への16.1万トンが大きく,総計90.1万トンが韓国から日本に輸出される。九州からも韓国に14.8万トンの輸出が見込まれるため,北海道からの76.6万トンと併せると,日本からも韓国に91.4万トンの生乳輸出の可能性があり,まさに,日韓生乳市場は「双方向貿易」(産業内貿易)になる可能性がある。韓国市場の飲用乳価は59.2円と若干下がるが,韓国が日本市場で得る収入を合わせると,手数料を引かなければ,61.0円の乳価が得られることになる。

この分析から,日本と韓国の間では,関税が撤廃された場合,北海道から韓国への生乳輸出だけでなく,韓国から九州への生乳輸出が発生し,現状の日本における「産地間競争」が韓国を含む形で拡大する可能性が示唆される。

参考文献
趙錫辰(2005)『韓国酪農産業の課題と展望』酪農総合研究所,酪総研選書No.80。
土井時久・山本康貴・丸山明・伊藤房雄(1995)『飲用向け生乳の広域流通,2000年の予測』酪農総合研究所,酪総研特別選書No.39。
川口雅正・鈴木宣弘・小林康平(1994)『市場開放下の生乳流通——競争と協調の選択』農林統計協会。

第3章補論　日韓10地域モデルによる生乳貿易の分析

表1　二重構造完全競争均衡解

移出＼移入	飲用乳市場（万トン）										飲用計
	1	2	3	4	5	6	7	8	9	10	
1 北海道	31.5	0.0	49.8	8.8	0.0	67.5	0.0	0.0	0.0	0.0	157.6
2 東　北	0.0	53.1	0.0	0.0	10.5	0.0	0.0	0.0	0.0	0.0	63.6
3 関東東山	0.0	0.0	156.6	0.0	0.0	0.0	0.0	0.0	0.0	0.0	156.6
4 北　陸	0.0	0.0	0.0	15.7	0.0	0.0	0.0	0.0	0.0	0.0	15.7
5 東　海	0.0	0.0	0.0	0.0	50.8	0.0	0.0	0.0	0.0	0.0	50.8
6 近　畿	0.0	0.0	0.0	0.0	0.0	33.2	0.0	0.0	0.0	0.0	33.2
7 中　国	0.0	0.0	0.0	0.0	0.0	0.0	36.4	0.0	0.0	0.0	36.4
8 四　国	0.0	0.0	0.0	0.0	2.6	0.0	0.0	18.6	0.0	0.0	21.3
9 九　州	0.0	0.0	0.0	0.0	0.0	0.0	1.9	0.4	52.3	0.0	54.6
10 韓　国	0.0	0.0	0.0	0.0	0.0	0.0	0.0	0.0	15.6	219.4	235.1
計	31.5	53.1	206.4	24.4	64.0	100.7	38.2	19.0	67.9	219.4	824.8

移出＼移入	加工原料乳の限度内市場（万トン）										限度内計
	1	2	3	4	5	6	7	8	9	10	
1 北海道	147.7	0.0	0.0	0.0	0.0	0.0	0.0	0.0	0.0		147.7
2 東　北	0.0	12.9	0.0	0.0	0.0	0.0	0.0	0.0	0.0		12.9
3 関東東山	0.0	0.0	0.0	0.0	0.0	0.0	0.0	0.0	0.0		0.0
4 北　陸	0.0	0.0	0.0	0.0	0.0	0.0	0.0	0.0	0.0		0.0
5 東　海	0.0	0.0	0.0	0.0	0.0	0.0	0.0	0.0	0.0		0.0
6 近　畿	0.0	0.0	0.0	0.0	0.0	0.0	0.0	0.0	0.0		0.0
7 中　国	0.0	0.0	0.0	0.0	0.0	0.0	0.0	0.0	0.0		0.0
8 四　国	0.0	0.0	0.0	0.0	0.0	0.0	0.0	0.0	0.0		0.0
9 九　州	0.0	0.0	0.0	0.0	0.0	0.0	0.0	0.0	14.7		14.7
10 韓　国											
計	147.7	12.9	0.0	0.0	0.0	0.0	0.0	0.0	14.7		175.3

移出＼移入	加工原料乳の限度外市場（万トン）										限度外計	加工計	総計
	1	2	3	4	5	6	7	8	9	10			
1 北海道	0.0	0.0	0.0	0.0	0.0	0.0	0.0	0.0	0.0		0.0	147.7	305.3
2 東　北	0.0	0.0	0.0	0.0	0.0	0.0	0.0	0.0	0.0		0.0	12.9	76.5
3 関東東山	0.0	0.0	0.0	0.0	0.0	0.0	0.0	0.0	0.0		0.0	0.0	156.6
4 北　陸	0.0	0.0	0.0	0.0	0.0	0.0	0.0	0.0	0.0		0.0	0.0	15.7
5 東　海	0.0	0.0	0.0	0.0	0.0	0.0	0.0	0.0	0.0		0.0	0.0	50.8
6 近　畿	0.0	0.0	0.0	0.0	0.0	0.0	0.0	0.0	0.0		0.0	0.0	33.2
7 中　国	0.0	0.0	0.0	0.0	0.0	0.0	0.0	0.0	0.0		0.0	0.0	36.4
8 四　国	0.0	0.0	0.0	0.0	0.0	0.0	0.0	0.0	0.0		0.0	0.0	21.3
9 九　州	0.0	0.0	0.0	0.0	0.0	0.0	0.0	0.0	0.0		0.0	14.7	69.3
10 韓　国													235.1
計	0.0	0.0	0.0	0.0	0.0	0.0	0.0	0.0	0.0		0.0	175.3	1000.2

	プール乳価	飲用乳価
1 北海道	61.5	58.6
2 東　北	65.3	67.1
3 関東東山	73.6	75.6
4 北　陸	74.4	76.4
5 東　海	80.6	82.6
6 近　畿	77.0	79.0
7 中　国	73.0	75.0
8 四　国	71.1	73.1
9 九　州	64.2	65.6
10 韓　国	60.3	62.3

表2　二重構造 Nash 均衡解

移出＼移入	飲用乳市場（万トン）										飲用計
	1	2	3	4	5	6	7	8	9	10	
1 北海道	8.5	9.3	28.8	3.7	6.7	13.5	4.1	2.1	5.4	76.6	158.6
2 東　北	4.5	12.9	30.6	3.7	8.0	11.4	3.3	1.8	4.0	0.0	80.2
3 関東東山	6.2	12.9	44.1	5.1	11.9	19.8	6.3	3.1	9.5	0.0	119.0
4 北　陸	0.0	0.9	9.5	1.7	3.0	0.8	0.0	0.1	0.0	0.0	16.0
5 東　海	0.3	3.6	19.1	2.4	8.0	9.6	2.8	1.5	3.0	0.0	50.2
6 近　畿	0.1	0.7	11.3	1.3	4.7	9.4	2.2	1.2	2.3	0.0	33.2
7 中　国	0.0	0.3	10.9	1.2	4.5	7.3	4.9	1.5	5.8	0.0	36.4
8 四　国	0.0	0.0	6.7	0.5	3.2	4.2	1.9	1.5	3.6	0.0	21.5
9 九　州	0.0	0.1	10.4	1.1	4.3	7.6	4.1	2.0	11.1	14.8	55.4
10 韓　国	7.0	6.7	22.4	2.9	8.1	16.1	7.0	3.4	16.4	147.1	237.2
計	26.8	47.6	193.8	23.5	62.3	99.7	36.4	18.1	61.1	238.5	807.8

移出＼移入	加工原料乳の限度内市場（万トン）										限度内計
	1	2	3	4	5	6	7	8	9	10	
1 北海道	147.7	0.0	0.0	0.0	0.0	0.0	0.0	0.0	0.0		147.7
2 東　北	0.0	0.1	0.0	0.0	0.0	0.0	0.0	0.0	0.0		0.1
3 関東東山	0.0	12.8	15.6	0.8	4.1	0.5	1.8	1.7	0.0		37.3
4 北　陸	0.0	0.0	0.0	0.0	0.0	0.0	0.0	0.0	0.0		0.0
5 東　海	0.0	0.0	0.0	0.0	0.0	0.0	0.0	0.0	0.0		0.0
6 近　畿	0.0	0.0	0.0	0.0	0.0	0.0	0.0	0.0	0.0		0.0
7 中　国	0.0	0.0	0.0	0.0	0.0	0.0	0.0	0.0	0.0		0.0
8 四　国	0.0	0.0	0.0	0.0	0.0	0.0	0.0	0.0	0.0		0.0
9 九　州	0.0	0.0	0.0	0.0	0.0	0.0	0.0	0.0	14.7		14.7
10 韓　国											
計	147.7	12.9	15.6	0.8	4.1	0.5	1.8	1.7	14.7	0.0	199.8

移出＼移入	加工原料乳の限度外市場（万トン）										限度外計	加工計	総計
	1	2	3	4	5	6	7	8	9	10			
1 北海道	0.0	0.0	0.0	0.0	0.0	0.0	0.0	0.0	0.0		0.0	147.7	306.3
2 東　北	0.0	0.0	0.0	0.0	0.0	0.0	0.0	0.0	0.0		0.0	0.1	80.3
3 関東東山	0.0	0.0	0.0	0.0	0.0	0.0	0.0	0.0	0.0		0.0	37.3	156.3
4 北　陸	0.0	0.0	0.0	0.0	0.0	0.0	0.0	0.0	0.0		0.0	0.0	16.0
5 東　海	0.0	0.0	0.0	0.0	0.0	0.0	0.0	0.0	0.0		0.0	0.0	50.2
6 近　畿	0.0	0.0	0.0	0.0	0.0	0.0	0.0	0.0	0.0		0.0	0.0	33.2
7 中　国	0.0	0.0	0.0	0.0	0.0	0.0	0.0	0.0	0.0		0.0	0.0	36.4
8 四　国	0.0	0.0	0.0	0.0	0.0	0.0	0.0	0.0	0.0		0.0	0.0	21.5
9 九　州	0.0	0.0	0.0	0.0	0.0	0.0	0.0	0.0	0.0		0.0	14.7	70.1
10 韓　国													237.2
計	0.0	0.0	0.0	0.0	0.0	0.0	0.0	0.0	0.0		0.0	199.8	1007.6

	プール乳価	飲用乳価
1 北海道	61.9	85.5
2 東　北	73.4	85.4
3 関東東山	72.9	92.7
4 北　陸	79.7	84.2
5 東　海	77.3	89.1
6 近　畿	76.9	80.8
7 中　国	73.4	84.6
8 四　国	75.1	83.8
9 九　州	66.8	84.9
10 韓　国	61.0	59.2

第4章　日韓及び日中韓FTAと米
安英配

　本章では，日韓あるいは日中韓FTAにかりに米が含まれたならば，3国の米需給，価格，米貿易にどのような影響を及ぼすかを検討するため，米1財の部分均衡モデルを構築し，分析する。

1．モデル

　日中韓の米需要関数，供給関数を求め，さらに全体の米需給構造を10式前後の方程式で表現する連立方程式モデルを構築する。このモデルの主要な前提条件はおおよそ次のようである。
　1）日中韓各国の米品質は同一である，
　2）日中韓各国の米市場は完全競争で近似できる（輸送費に基づく以上の価格差は形成されない），
　3）各国における生産者と消費者の行動は非線形の需要関数と供給関数で要約される，
　4）各国を結ぶ輸送ネットワークは単純化され，また，単位輸送費は一定である，
　5）中国以外のアメリカ，タイ等からの米輸入量は一定であると仮定する。

本章では，日韓間の完全貿易自由化（無関税，非貿易障壁）と，日中韓間の完全貿易自由化（無関税，非貿易障壁）下での米輸出入モデルの2つのモデルを構築する。

各国の非線形供給関数を導出するために，まず，日本の供給量をS_j，米価をP_j，供給の価格弾性値をα_jとし，供給関数を①のように特定する。

$S_j = aP_j^{\alpha j}$ …………①

ここで，2002年度の供給量と米価をそれぞれ$S`_j$，$P`_j$として①に代入して，

$S`_j = aP`_j^{\alpha j}$ …………②

を得る。①/②とすると，③式のようにaを消去した形で示せる。

$S_j = S`_j \times (P_j/P`_j)^{\alpha j}$ …………③

需要関数も，同様の方法で導出する。

次に，求めた各国の需要関数と供給関数を用いて，以下に示す［モデル1］と［モデル2］のような連立方程式体系を作る。このモデルは各国の米需給関数に基づいて，輸出国の米価に輸送費を足した価格になるまで輸入国の米価が下落して均衡する仕組みのモデルである。

［モデル1］──日韓間の完全貿易自由化（無関税，非貿易障壁）

日本米供給関数	$S_j = S`_j \times (P_j/P`_j)^{\alpha j}$
日本米需要関数	$D_j = D`_j \times (P_j/P`_j)^{\beta j}$
韓国からの米輸入量	$I_{jk} = D_j - S_j$
日本米価＝韓国米価＋輸送費	$P_j = P_k + T_{jk}$
韓国米供給関数	$S_k = S`_k \times (P_k/P`_k)^{\alpha k}$
韓国米需要関数	$D_k = D`_k \times (P_k/P`_k)^{\beta k}$
韓国米輸出量	$X_k = S_k - D_k$
均衡価格	$P_k = P_k \times (D_j + D_k)/(S_j + S_k)$

第4章　日韓及び日中韓FTAと米

図1　日韓間の完全貿易自由化（無関税，非貿易障壁）下での米輸出入

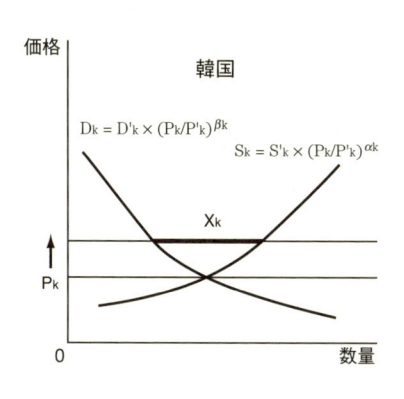

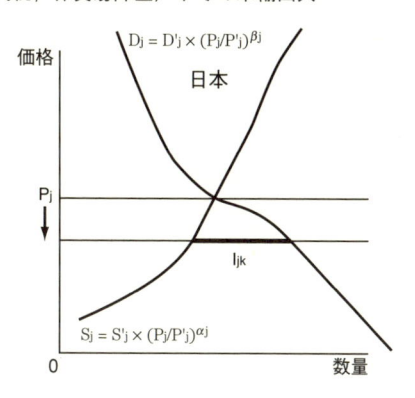

[モデル2]　──日中韓間の完全貿易自由化（無関税，非貿易障壁）

日本米供給関数	$S_j = S\grave{}_j \times (P_j/P\grave{}_j)^{\alpha j}$
日本米需要関数	$D_j = D\grave{}_j \times (P_j/P\grave{}_j)^{\beta j}$
日本米輸入量	$I_j = D_j - S_j$
日本米価＝中国米価＋輸送費	$P_j = P_c + T_{jc}$
韓国米供給関数	$S_k = S\grave{}_k \times (P_k/P\grave{}_k)^{\alpha k}$
韓国米需要関数	$D_k = D\grave{}_k \times (P_k/P\grave{}_k)^{\beta k}$
韓国米価＝中国米価＋輸送費	$P_k = P_c + T_{kc}$
韓国米輸入量	$I_k = D_k - S_k$
中国米供給関数	$S_c = S\grave{}_c \times (P_c/P\grave{}_c)^{\alpha c}$
中国米需要関数	$D_c = D\grave{}_c \times (P_c/P\grave{}_c)^{\beta c}$
中国米輸出量	$X_c = S_c - D_c$
均衡価格	$P_c = P_c \times (D_j + D_k + D_c) / (S_j + S_k + S_c)$

ただし，ここで，S_j：日本供給量，D_j：日本需要量，I_{jk}：日本の韓国からの米輸入量，I_j：日本米輸入量，P_j：日本米の生産者価格，T_{jk}：韓国から日本への輸送費，S_k：韓国米生産量，D_k：韓国米需要量，P_k：韓国米の生産者

価格，X_k：韓国米輸出量，I_k：韓国米輸入量，T_{jc}：中国から日本への輸送費，T_{kc}：中国から韓国への輸送費，S_c：中国米生産量，D_c：中国米需要量，X_c：中国米輸出量，P_c：中国米の生産者価格である。

図2　日中韓間の完全貿易自由化（無関税，非貿易障壁）下での米輸出入

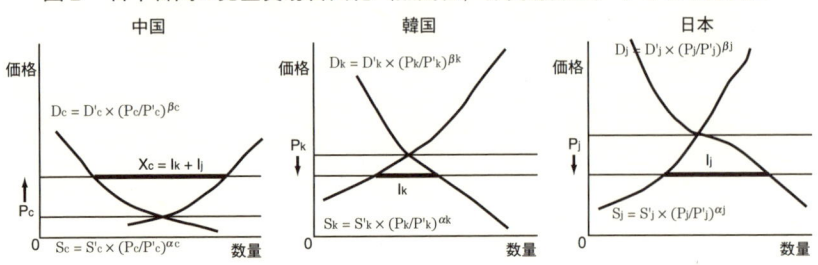

中国　　　　　　　　　韓国　　　　　　　　　日本

価格　　　　　　　　　価格　　　　　　　　　価格

$D_c = D'_c \times (P_c/P'_c)^{\beta_c}$　$D_k = D'_k \times (P_k/P'_k)^{\beta_k}$　$D_j = D'_j \times (P_j/P'_j)^{\beta_j}$

$X_c = I_k + I_j$

P_c　　　　　　　　　P_k　　I_k　　　　　　P_j　　I_j

$S_c = S'_c \times (P_c/P'_c)^{\alpha_c}$　$S_k = S'_k \times (P_k/P'_k)^{\alpha_k}$　$S_j = S'_j \times (P_j/P'_j)^{\alpha_j}$

数量　　　　　　　　　数量　　　　　　　　　数量

以上の方程式体系に表1の米の需要・供給の価格弾性値，表2の2002年度観測値と，表3の各国間の単位輸送費を代入すると，［モデル1］と［モデル2］は以下のように特定される。

［モデル1］――日韓間の完全貿易自由化（FTA）モデル

$S_j = 1{,}111 \times (P_j/350)^{0.193}$

$D_j = 1{,}173.6 \times (P_j/350)^{-0.10}$

$I_{jk} = D_j - S_j$

$P_j = P_k + 4.16$

$S_k = 668.7 \times (P_k/193.4)^{0.15}$

$D_k = 683.8 \times (P_k/193.4)^{-0.20}$

$X_k = S_k - D_k$

$P_k = P_k \times (D_j + D_k)/(S_j + S_k)$

表1 米，小麦，トウモロコシの需要及び供給の価格弾性値

	供給の価格弾性値			需要の価格弾性値		
	米	小麦	トウモロコシ	米	小麦	トウモロコシ
日本	0.193	0.265	0.145	−0.100	−0.250	−0.200
韓国	0.150	0.225	0.145	−0.200	−0.400	−0.350
中国	0.040	0.110	0.095	−0.120	−0.100	−0.130
北朝鮮	0.155	0.230	0.145	−0.250	−0.400	−0.400
ベトナム	0.110	0.000	0.175	−0.200	−0.600	−0.350
フィリピン	0.120	0.000	0.143	−0.250	−0.300	−0.200
マレーシア	0.180	0.000	0.114	−0.300	−0.280	−0.280
インドネシア	0.125	0.000	0.150	−0.380	−0.100	−0.560
タイ	0.140	0.000	0.143	−0.100	−0.550	−0.300
ラオス	0.070	0.000	0.130	−0.200	−0.600	−0.350
ミャンマー	0.143	0.193	0.253	−0.200	−0.400	−0.260
パキスタン	0.135	0.120	0.100	−0.420	−0.250	−0.280
インド	0.120	0.133	0.210	−0.400	−0.250	−0.600
バングラデシュ	0.109	0.124	0.060	−0.400	−0.500	−0.500
その他アジア	0.400	0.085	0.180	−0.250	−0.200	−0.400
オーストラリア	0.384	0.123	0.545	−0.350	−0.200	−0.500
ニュージーランド	0.000	0.462	0.479	−0.200	−0.080	−0.180
その他オセアニア	0.156	0.150	0.186	−0.250	−0.600	−0.600
カナダ	0.000	0.126	0.360	−0.250	−0.190	−0.200
アメリカ	0.200	0.281	0.239	−0.280	−0.090	−0.220
メキシコ	0.445	0.380	0.470	−0.380	−0.350	−0.120
アルゼンチン	0.490	0.370	0.465	−0.400	−0.320	−0.450
ブラジル	0.460	0.208	0.400	−0.450	−0.460	−0.500
チリ	0.275	0.268	0.235	−0.400	−0.300	−0.400
ペルー	0.315	0.515	0.405	−0.250	−0.300	−0.300
その他中南米	0.400	0.450	0.400	−0.400	−0.300	−0.350
ヨーロッパ	0.250	0.050	0.430	−0.300	−0.200	−0.300
ロシア	0.378	0.320	0.396	−0.230	−0.120	0.000
エジプト	0.265	0.310	0.210	−0.300	−0.200	−0.200
ナイジェリア	0.195	0.305	0.285	−0.550	−0.800	−0.280
南アフリカ	0.225	0.338	0.355	−0.300	−0.200	−0.150
その他アフリカ	0.500	0.600	0.230	−0.250	−0.500	−0.400

資料：FAO。
注：各品目の需要・供給価格弾性値はFAO世界食料モデルから算出された値である。

表2　2002年度観測値

	変数	単位	記号	2002年度観測値
日本	米生産量	万トン	S_j	1,111.0
	米需要量	万トン	D_j	1,173.6
	米価（生産者価格）	円/kg	P_j	350.0
	輸入量計	万トン	I_j	10.6
	中国からの輸入量	万トン	I_{jc}	10.6
	韓国からの輸入量	万トン	I_{jk}	0.0
韓国	米生産量	万トン	S_k	668.7
	米需要量	万トン	D_k	683.8
	米価（生産者価格）	円/kg	P_k	193.4
	輸出量計	万トン	X_k	0.0
	日本向け輸出量	万トン	X_{kj}	0.0
	輸入量計	万トン	I_k	7.4
	中国からの輸入量	万トン	I_{kc}	7.4
中国	米生産量	万トン	S_c	17,634.0
	米需要量	万トン	D_c	17,461.3
	米価（生産者価格）	円/kg	P_c	36.2
	輸出量計	万トン	X_c	18.0
	日本向け輸出量	万トン	X_{cj}	10.6
	韓国向け輸出量	万トン	X_{ck}	7.4

資料：FAO，韓国農林部「農林業主要統計」，韓国食品需給表，韓国農水産物流通公社，日本食料需給表，農水省「農林水産統計」。
注：1）各国の需要量は生産量＋輸入量−輸出量として求めた値である。
　　2）日本生産者価格：自主流通米（水稲うるち玄米），中国，韓国生産者価格：うるち精米。

表3　各国間の単位輸送費（2003年度末基準）

輸出国	輸入国	単位輸送費（円/kg）	船積形態	備考
韓国	日本	4.16	Dry Bulk	保険料は含まれていない
中国	日本	6.36		
中国	韓国	2.89		

資料：韓国農水産物流通公社。
　注：上記の単位輸送費は基本輸送費（Base Rate）×重量トン（Weight Ton）とし，韓国海上運送会社により算出された見積価格である。

［モデル2］──日中韓間の完全貿易自由化（FTA）モデル

$S_j = 1,111 \times (P_j/350)^{0.193}$

$D_j = 1,173.6 \times (P_j/350)^{-0.10}$

$I_j = D_j - S_j$

$P_j = P_c + 6.36$

$S_k = 668.7 \times (P_k/193.4)^{0.15}$

$D_k = 683.8 \times (P_k/193.4)^{-0.20}$

$P_k = P_c + 2.89$

$I_k = D_k - S_k$

$S_c = 17,634 \times (P_c/36.2)^{0.04}$

$D_c = 17,461.3 \times (P_c/36.2)^{-0.12}$

$X_c = S_c - D_c$

$P_c = P_c \times (D_j + D_k + D_c) / (S_j + S_k + S_c)$

2．シミュレーション結果と含意

［モデル1］と［モデル2］を解いて，各モデルにおける各変数の均衡値を求め，観測値と比較したのが表4である。

表4をみると，日韓間の完全貿易自由化（FTA）の場合，韓国は日本へ約96万トンの米を輸出することになり，また，米価も日本は1kg当たり350円から約315円へ下がっており，韓国は1kg当たり193円から約311円へ上がっている。

しかし，日中韓，3国間の完全貿易自由化（FTA）では，韓国も輸入国に転落し，中国から約343万トンを輸入するようになり，韓国の米価は1kg当たり193円から約51円へと下がっており，これは韓国米生産費1kg当たり110円の半分程度の水準で，日中韓FTAは韓国の水田農業に大きな打撃を与えると予想される。一方，日本の場合をみると，中国から約635万トンという膨大な米輸入が見込まれ，米価は1kg当たり350円から約54円へ下がっている。

表4　日韓並び日中韓間の完全貿易自由化（FTA）による日中韓の米需給の変化

	変数	単位	変数記号	2002年度観測値	日韓	日中韓
日本	米生産量	万トン	S_j	1,111.0	1089.10	776.78
	米需要量	万トン	D_j	1,173.6	1185.77	1412.69
	米価（生産者価格）	円/kg	P_j	350.0	315.7	54.8
	輸入量計	万トン	I_j	10.6	96.7	635.9
	中国からの輸入量	万トン	I_{jc}	10.6	–	635.9
	韓国からの輸入量	万トン	I_{jk}	0.0	96.7	0
韓国	米生産量	万トン	S_k	668.7	718.27	548.05
	米需要量	万トン	D_k	683.8	621.61	891.54
	米価（生産者価格）	円/kg	P_k	193.4	311.54	51.33
	輸出量計	万トン	X_k	0.0	96.7	0
	日本向け輸出量	万トン	X_{kj}	0.0	96.7	0
	輸入量計	万トン	I_k	7.4	0	343.48
	中国からの輸入量	万トン	I_{kc}	7.4	–	343.48
中国	米生産量	万トン	S_c	17,634.0	–	17840.71
	米需要量	万トン	D_c	17,461.3	–	16861.37
	米価（生産者価格）	円/kg	P_c	36.2	–	48.44
	輸出量計	万トン	X_c	18.0	–	979.38
	日本向け輸出量	万トン	X_{cj}	10.6	–	635.9
	韓国向け輸出量	万トン	X_{ck}	7.4	–	343.48

　ただし，この分析は，あくまでも日中韓の米が完全代替的であることを前提にした試算であり，消費者の感じる「国産プレミアム」のような製品差別化の程度は考慮されていない。それを考慮すれば，実際の日中韓間の完全貿易自由化では，日韓の米価の下落はこれほど大きくはならないだろうと考えられる。しかし，日中韓の米の代替性がどの程度あるかを特定するのは，そう簡単ではない。そういう意味では，様々な想定の下での試算を比較するベンチマークとして，このような完全代替を仮定した試算を示しておく意義がある。ただし，このモデルで用いられたFAO資料の米供給の価格弾力性は3国ともかなり小さいので，今回の試算は短期的な影響を示すものと考えた方がよかろう。

なお，このモデルでは，中国以外のアメリカ，タイ等の第3国からの米輸出が考慮されていないので，日中韓FTA下の米貿易による貿易転換効果についての議論はできない。

第5章　日墨FTAにおける豚肉と貿易転換効果

中本一弥

　本章では，日墨FTAにおいて大きな争点となった豚肉を事例にして，関税の変化が及ぼす輸出入量の変化と，それに伴う域内国と域外国の経済厚生の変化，貿易転換効果について考察する。

1．モデルの導出

　域内国は日本とメキシコ，域外国は日本への豚肉輸出の多いアメリカとデンマークの2国とする。日本はメキシコ，アメリカ，デンマークからのみ豚肉を輸入すると仮定し，各国の需要量と日本の輸入量を操作する（供給量から輸出量を引いた数値，あるいは供給量に輸入量を加えた数値を需要量とする）ことで，この4国間でのみ豚肉の輸出入が表1の数値のように行われるモデルを考え，各国の需要関数，供給関数を求める。輸送費は考慮しない。
　豚肉の関税制度は，従価税4.3％と基準輸入価格410円/kgが併用されている。393円を分岐点として（393×1.043≒410なので），393円よりも安い場合は基準輸入価格410円との差額分が関税となり，393円よりも高い場合は従価税4.3％が課される。
　表1のようにメキシコ，米国，デンマークは276円/kgで豚肉を輸出でき

表1 基礎データ (2001年)

	日本	メキシコ	米国	デンマーク
需要の価格弾力性	−0.95	−0.86	−0.86	−0.8
供給の価格弾力性	0.83	0.55	1.1	0.9
需要量(万トン)	174.23	101.68	844.8	824.27
	(124.23+50)	(105.78−4.1)	(869.1−24.3)	(845.87−21.6)
供給量(万トン)	124.23	105.78	869.1	845.87
日本への輸出量(万トン)		4.1	24.3	21.6
日本の輸入量(万トン)	50(4.1+24.3+21.6)			
価格(円/kg)	410	276	276	276

資料：Oga and Yanagishima (1996), FAOSTAT

るが，安く輸出しても基準輸入価格410円よりも安い価格になることはないので，分岐点価格393円/kgで日本に豚肉を輸出する。393円/kg−276円/kgの差額分は輸入業者の差益収入（レント）とされるものとする。

表1の価格弾力性，需要量，供給量から各国の線形の需要関数，供給関数は次のように求まる。

日本D＝339.76−0.404P　　　米国D＝1571.33−2.632P

日本S＝21.12+0.252P　　　　米国S＝−86.91+3.464P

メキシコD＝189.15−0.317P　　デンマークD＝1483.66−2.389P

メキシコS＝47.6+0.211P　　　デンマークS＝84.59+2.758P

ここで，D＝需要量，S＝供給量，P＝価格である。

2．シミュレーション

これらの需要関数，供給関数を用いて以下の3つのケースについてモデルを解き，各国の経済厚生の変化を求めた結果が表2である。

①393円に2.2％の関税をかけた401.646円の豚肉がメキシコから日本に8万トン輸出される場合。このとき，メキシコからの輸入量増加分，アメリカとデンマークからの輸入量は減るものとする。

第5章 日墨FTAにおける豚肉と貿易転換効果

表2 シミュレーション結果

項目	国	現状	ケース①	ケース②	ケース③
供給(万トン)	日本	124.23	124.23	124.23	118.95
	メキシコ	105.78	107.1	108.16	129.6
	米国	869.1	868.2	867.39	855.37
	デンマーク	845.87	845	844.39	834.2
需要(万トン)	日本	174.23	174.23	174.23	182.72
	メキシコ	101.68	99.76	98.17	65.83
	米国	844.8	845.7	846.24	855.37
	デンマーク	824.27	825	825.51	834.27
日本への輸出(万トン)	日本	－50	－50	－50	－63.77
	メキシコ	4.1	8	10	63.77
	米国	24.3	22.4	21.1	0
	デンマーク	21.6	19.6	18.9	0
経済厚生の変化(万円)	日本		－11600	－15000	－5506200
	メキシコ		33000	77000	3676600
	米国		－300	－800	－48300
	デンマーク		－200	－700	－44900
	総計		20900	60500	－1922800

②4.3%の定率関税をなくし，分岐点価格393円で10万トン日本に輸出されるとした場合。このとき，メキシコからの輸入量増加分，アメリカとデンマークからの輸入量は減るものとする。

③日本がメキシコの豚肉を自由化（豚肉の関税がゼロ）して日本への米国とデンマークの豚肉輸出は完全にメキシコの豚肉に取って代わられる場合。

　日墨FTAで豚肉はメキシコからの輸入の8万トンまでは，現行の4.3%でなく2.2%の低関税を適用する「メキシコ向け低関税輸入枠」を設定することとなった。①はそれを想定したケースである。ケース②の「393円で10万トンの無税枠」はメキシコが日本に要求した一つの例である。

3．考察

　ケース③の場合の経済厚生の変化を見ると，メキシコは大きな利益を得るが，日本は非常に大きな損失を被り，また，域外国の米国とデンマークにも

大きな損失が出ている。経済厚生の変化の総計も大きくマイナスとなり，非常に憂慮される貿易転換の例といえる。

ケース①や②のように，差額関税制度は維持して，メキシコ向けの無税ないし低関税枠を提供するという緩やかな開放にした場合には，メキシコの利益は減少するが，日本の損失も小さくなり，域外国の損失も小さくなり，世界全体（4ヵ国計）としても経済厚生がプラスになる。このように，日墨FTAにおける豚肉のようなセンシティブ品目を，最低限の開放にとどめることは，日本の生産者のためだけでなく，日本全体の国益，また域外国の国益，世界全体の経済厚生の向上とも合致することがわかる。

さらに，ケース②の場合の経済厚生の変化をケース①の場合と比較すると，日本の損失はやや大きくなるが，米国，デンマークの損失はそれほど大きなものではなく，また，日本の損失の増加分に対してメキシコの利益の増加分が大きい。そこで，FTA交渉の戦略として，自国の小さな損失により相手国に大きな利益になるようなカードを交渉の切り札にすることは有効である可能性もあるといえる。実際のFTAではケース①のような条件にまとまったわけだが，豚肉以外の分野の交渉において有利な条件が得られるなどの見返りがあるならば，相手国が要求していた②の条件を呑むといったような戦略も今後のFTA交渉の戦略として考えられるかもしれない。

4．ケンプ＝ウォン＝大山の定理に基づく試算

次に，ケンプ＝ウォン＝大山の定理（域外国との貿易量が不変となるような関税体系を課しながら，域内で厚生が高まるような貿易自由化を進めるならば，世界全体の経済厚生は確実に上昇する）を想定した試算を示そう。

簡単のため，実際の，従価税4.3％と基準輸入価格410円/kgの併用という関税制度ではなく，276円/kgの豚肉に従価税がかかり410円になるという関税制度を考える。

現行では276円/kgの豚肉に48.55％の従価税がかかり410円で日本に豚肉が

第5章　日墨FTAにおける豚肉と貿易転換効果

輸入されていたと考える。日墨FTAにより，日本メキシコ間の豚肉の関税が10万トンの輸入枠で48.55％から40％に変化した場合の，日本と域外国（米国，デンマーク）間の最適関税（日本メキシコ間の関税変化後も日本と域外国間での豚肉の貿易量が変化しない関税率）を計算する。関税以外の数値は表1と同様である。

　メキシコから日本へ10万トン輸出されるのでメキシコのS－メキシコのD＝10より，メキシコの国内価格は287（円／kg）となる。

　また，日本のD－日本のS＝50＋5.9（域外国からの輸入量は変化せず，メキシコからの輸入量が4.1万トンから10万トンに増えるので）より，日本の国内価格は400（円／kg）となる。したがって，最適関税をt％とおくと，276×(100＋t)/100＝400よりt＝44.93。よって，域外国への最適関税は44.93％である。

　またこのときの各国の経済厚生の変化は，

域外国：輸出量に変化がないため経済厚生の変化なし

メキシコ：生産者余剰の増加分－消費者余剰の減少分を計算して，7億7,000万円

日本：（消費者余剰の増加分－生産者余剰の減少分）＋（メキシコからの関税収入の変化分）＋（域外国からの関税収入の変化分）＝53＋59.4－46＝66億4,000万円

　以上のように，域外国が損失を被ることのないこのような最適関税のもとでは，全ての国が損失を被ることなく資源配分の効率性を改善することができ，貿易転換効果から生じるマイナスの影響を発生させないFTAが可能となる。

　ただし，問題点としては，需要関数，供給関数は不変ではなく，現実の貿易量は多様な要因により日々絶えず変動しており，域外の貿易量が変化しないよう関税をその都度変更することは容易でないことが挙げられる。

また，日本の，消費者余剰の増加分－生産者余剰の減少分＝53億円の内訳を見ると，消費者余剰の増加分は177億7,000万円，生産者余剰の減少分は124億7,000万円と非常に格差が大きい。したがって，何らかの形で消費者余剰の増加分を生産者に再分配するシステムが検討されてしかるべきではないかと思われる。

参考文献

FAO (Food and Agriculture Organization of the United Nations). FAOSTAT Statistics Database, 2001, [online], available URL: http://apps.fao.org.

Oga, K. and K. Yanagishima (1996) *International Food and Agricultural Policy Simulation Model - User Guide*. JIRCAS Working Report 1. JIRCAS, Tsukuba, Japan.

第6章　低関税品目における
　　　日韓自由貿易協定の影響——ピーマンの場合

図師直樹

1．はじめに

　日韓FTA（自由貿易協定）は，2005年の発効をめざして締結交渉中である。2005年4月に発効した日墨FTAは，日本にとっては農産物を含む初めての自由貿易協定であり，メキシコとのFTA交渉で採られた方針が今後の韓国・東南アジア諸国との交渉においても踏襲される可能性が高い。つまり，すでに関税が低く競争にさらされている多くの品目は関税撤廃に応じ，米・乳製品・肉類などのセンシティヴ品目を守るということである。

　しかし，相対的に低関税の品目を簡単に切り捨ててよいという傾向にも注意が必要である。センシティヴ品目を対象品目に含めた場合，日本はおろか域外国を含めた世界全体の経済厚生が低下する可能性が高いことに関しては広く認識されつつある一方で，すでに海外との産地間競争に突入している野菜等に関しては，関税が3％程度にまで低下しているので影響はない，と乱暴に片付けられがちである。これらについても，その影響を慎重に分析する必要があることを忘れてはならない。しかし，野菜等を日韓FTAに組み込んだ場合の我が国農家への影響についての分析は，我々の知る限りいまだ品目ごとに詳細には行われていない。

そこで，本章は，国産と韓国産が競合しており，なおかつ相対的に低関税なピーマンを例に，日韓FTAが締結された場合における日本国内の生産者への影響を分析する。また，FTAで韓国のみが関税撤廃されることにより，韓国とその他の輸出国との関係がどう変化するかも検討する。さらに，WTOベースで，その他の国に対しても関税が撤廃された場合との比較も行う。

2．分析モデル

(1)　各国産ピーマンの日本国内での競合関係（需要関数）

　一般に，同一財市場において「日本におけるピーマンの需要関数」は一本に規定される。しかし本章では，産地別にピーマンは製品差別化がなされていると考え，それらが相互に影響を及ぼしあっている不完全代替を想定した。ピーマンの産地としては日本，韓国，その他世界全体の3つを考え，各国産ピーマンの競合関係をみるために，以下のような弾力性値を一定とした両対数線型モデルを採用した。

①国産ピーマンに対する日本国内の需要
LOG(QJPNN) = C(11) + C(12)*LOG(PJPN) + C(13)*LOG(PK*TPIK) + C(14)*LOG(PO*TPIO) + C(15)*LOG(EXPN)

②韓国産のピーマンに対する日本国内の輸入需要
LOG(QKN) = C(21) + C(22)*LOG(PJPN) + C(23)*LOG(PK*TPIK) + C(24)*LOG(PO*TPIO) + C(25)*LOG(EXPN)

③その他産ピーマンに対する日本国内の輸入需要
LOG(QON) = C(31) + C(32)*LOG(PJPN) + C(33)*LOG(PK*TPIK) + C(34)*LOG(PO*TPIO) + C(35)*LOG(EXPN)

第6章　低関税品目における日韓自由貿易協定の影響——ピーマンの場合

従属変数は以下のとおりである。
QJPNN＝人口1,000人当たり国産ピーマンの全国青果物卸売市場流通量
QKN＝人口1,000人当たり日本の韓国産ピーマンの輸入量
QON＝人口1,000人当たり日本のその他産ピーマンの輸入量
説明変数は以下のとおりである。
PJPN＝国産ピーマンの全国青果物卸売市場における卸売価格
PK＝韓国産ピーマンの輸入CIF価格
PO＝その他産ピーマンの輸入CIF価格
TPIK＝1＋（韓国産ピーマンに賦課される実行関税率）
TPIO＝1＋（その他産ピーマンに賦課される実行関税率）
EXPN＝家計一人当たりの全消費支出（つまり所得水準）

　ここで，CIF価格とは日本に到着した時点の価格で，Cost＝本体価格，Insurance＝保険料，Freight＝運賃の三要素から構成される。

　これらの関数は，理論的には価格と所得（消費支出）についてゼロ次同次なので，物価指数による実質化はしていない。

(2) 国内におけるピーマンの供給関数

　海外の産地との競争が国内の生産者に与える影響を試算するためには，国内におけるピーマンの供給関数を求める必要がある。生産者は前年の生産物価格に応じて生産量を調整していると考えられる。また，ここでは，天候を除いて，肥料価格や農業雇用労賃も前年水準に基づいて生産計画が立てられると考え，④式を想定する。

　次に，⑤式において，国産ピーマンの全国青果物卸売市場流通量と国内生産者の出荷量との関係を求める。これは，需要関数では卸売市場流通量を用い，供給関数では出荷量を用いているので，国内出荷量に応じた卸売市場流通量がどのように決まるかを定式化しておく必要があるからである。

また，需要関数では卸売価格を用い，供給関数では生産者価格を用いているので，卸売価格が生産者価格にどう連動するかを示す⑥式を導入する。

④国内におけるピーマンの供給関数
LOG(DS) = C(41) + C(42)*LOG(PP(－1)) + C(43)*LOG(FPI(－1)) + C(44)*LOG(WMI(－1)) + C(45)*LOG(WFI(－1)) + C(46)*LOG(LI(－1)) + C(47)*WD

⑤国内生産者の出荷量と国産ピーマンの全国青果物卸売市場流通量との関係
LOG(QJPN) = C(51) + C(52)*LOG(DS)

⑥国産ピーマンの卸売価格と生産者価格との関係
LOG(PP) = C(61) + C(62)*LOG(PJPN)

変数は以下のとおりである。
DS＝国内生産者のピーマン出荷量
PP＝国産ピーマンの生産者価格（円/kg），（－1）は前年を示す。
QJPN＝国産ピーマンの全国青果物卸売市場流通量
FPI＝肥料価格指数（2000年基準）
WMI＝農業雇用労賃（臨時雇）指数・男性（2000年基準）
WFI＝農業雇用労賃（臨時雇）指数・女性（2000年基準）
LI＝賃借料及び料金指数（2000年基準）
WD＝天候に関するダミー変数（夏季の低温寡照，秋季の台風・集中豪雨等の影響を受け出荷量が減少した年に1，その他天候に恵まれた年には0となる変数）
PJPN＝国産ピーマンの全国青果物卸売市場における卸売価格

 これら①～⑥式に基づいて回帰分析を行った。

第6章　低関税品目における日韓自由貿易協定の影響——ピーマンの場合

3．推計結果

(1)　方程式の推計結果

　①～③式においては独立変数が共通なので，Seemingly Unrelated Regressionを用いた。④～⑥については，別途最小二乗法により求めた。データの出所は末尾の表6に一括して示した。計測の対象とした年次は，原則として，韓国産ピーマンの輸入が開始された1991年から2003年までの13年間とした。（　）内はt値である。

①国産ピーマンに対する日本国内の需要
LOG(QJPNN) = －1.651 －0.224*LOG(PJPN) ＋0.017*LOG(PK
　　　　　　　　　　(－0.75) (－8.93)　　　　　　　　(1.42)
*TPIK) ＋0.033*LOG(PO*TPIO) ＋0.710*LOG(EXPN)
　　　　　(1.91)　　　　　　　　　　(4.64)
決定係数＝0.924　自由度修正済み決定係数＝0.886　ダービン・ワトソン比＝1.22

②韓国産のピーマンに対する日本国内の輸入需要
LOG(QKN) = －440.688 ＋3.648*LOG(PJPN) －4.835*LOG(PK*TPIK)
　　　　　　　　　(－1.22) (0.88)　　　　　　　(－2.40)
－5.125*LOG(PO*TPIO) ＋34.636*LOG(EXPN)
(－1.81)　　　　　　　　(1.37)
決定係数＝0.727　自由度修正済み決定係数＝0.590　ダービン・ワトソン比＝1.38

③その他国産ピーマンに対する日本国内の輸入需要
LOG(QON) = －759.318 ＋2.257*LOG(PJPN) －0.416*LOG(PK

147

$$(-3.29)\ (0.85)\qquad\quad(-0.32)$$
$$\text{*TPIK)}-6.756\text{*LOG}(PO\text{*}TPIO)+56.938\text{*LOG}(EXPN)$$
$$\phantom{\text{*TPIK)}-6.756}(-3.72)\qquad\qquad\qquad(3.52)$$

決定係数＝0.851　自由度修正済み決定係数＝0.776　ダービン・ワトソン比＝1.20

④国内におけるピーマンの供給関数
$$\text{LOG}(DS)=50.833+0.218\text{*LOG}(PP(-1))+2.479\text{*LOG}(FPI(-1))$$
$$\phantom{\text{LOG}(DS)=}(48.36)\ (18.04)\qquad\qquad\quad(19.20)$$
$$-1.346\text{*LOG}(WMI(-1))+4.048\text{*LOG}(WFI(-1))-12.411\text{*LOG}(LI(-1))$$
$$(-5.21)\qquad\qquad\quad(12.01)\qquad\qquad\qquad(-28.51)$$
$$-0.020\text{*}WD$$
$$(-9.49)$$

決定係数＝0.997　自由度修正済み決定係数＝0.976　ダービン・ワトソン比＝3.50

⑤国内生産者の出荷量と国産ピーマンの全国青果物卸売市場流通量との関係
$$\text{LOG}(QJPN)=0.463+0.989\text{*LOG}(DS)$$
$$\phantom{\text{LOG}(QJPN)=0.46}(0.13)\ (5.03)$$

決定係数＝0.716　自由度修正済み決定係数＝0.688　ダービン・ワトソン比＝1.41

⑥国産ピーマンの卸売価格と生産者価格との関係
$$\text{LOG}(PP)=0.549+0.871\text{*LOG}(PJPN)$$
$$\phantom{\text{LOG}(PP)=0.5}(0.42)\ (3.91)$$

決定係数＝0.604　自由度修正済み決定係数＝0.565　ダービン・ワトソン比＝1.80

第6章　低関税品目における日韓自由貿易協定の影響——ピーマンの場合

表1　日本国内市場におけるシェア

	全国青果物市場流通量・輸入量（kg）				シェア（%）			
	国産	韓国産	その他	合計	国産	韓国産	その他	合計
1991	161,774,000	5,300	2,500	161,781,800	100.0	0.0	0.0	100
1992	181,458,000	1,200	3,547	181,462,747	100.0	0.0	0.0	100
1993	170,269,000	8,835	486,268	170,764,103	99.7	0.0	0.3	100
1994	181,511,000	12,512	1,352,447	182,875,959	99.3	0.0	0.7	100
1995	183,694,000	63,415	2,291,348	186,048,763	98.7	0.0	1.2	100
1996	179,869,000	233,680	3,744,388	183,847,068	97.8	0.1	2.0	100
1997	184,636,000	282,595	5,533,588	190,452,183	96.9	0.1	2.9	100
1998	178,074,000	1,250,137	7,557,083	186,881,220	95.3	0.7	4.0	100
1999	186,863,000	3,503,814	7,680,687	198,047,501	94.4	1.8	3.9	100
2000	188,729,000	6,725,226	9,512,223	204,966,449	92.1	3.3	4.6	100
2001	182,118,000	12,586,012	9,016,475	203,720,487	89.4	6.2	4.4	100
2002	177,680,000	13,333,132	10,289,178	201,302,310	88.3	6.6	5.1	100
2003	173,993,000	15,448,191	7,890,230	197,331,421	88.2	7.8	4.0	100

　①式からは，国産ピーマン需要の自己価格弾力性（絶対値）が0.224，交差弾力性が韓国産に対して0.017，その他産に対して0.033，所得弾力性が0.710と推定された。交差弾力性は正の値を示し，国産と韓国産，国産とその他産が代替財であることを示すものの，弾性値は0.017，0.033と小さく，輸入価格下落による国産需要の減退は率としては大きくないことが示唆されている。これは，徐々に輸入のシェアが拡大してきているとはいえ，2003年においても国産のシェアが市場流通量の88%を占めるように，極めて大きいことも影響している（表1）。

　②式からは，韓国産ピーマン需要の自己価格弾力性（絶対値）が4.835，交差弾力性が日本産に対して3.468，その他産に対して−5.125，所得弾力性が34.636と推定された。日本市場におけるシェアは国産に対して非常に小さいが，近年急激に輸入量が増加していることが推定結果に反映されている。ただし，韓国産とその他産は日本市場で代替財でなく補完財であるという推定結果については疑問が残る。また，国産との交差弾力性のt値が低い。

　③式からは，その他産ピーマン需要の自己価格弾力性（絶対値）が0.416，交差弾力性が日本産に対して2.257，韓国産に対して−6.756，所得弾力性が56.938と推定された。②と同様，日本市場におけるシェアは国産に対して非

表2 卸売価格・輸入価格 (円/kg)

	卸売価格・輸入価格 (円/kg)			(1＋実行関税率)		
	国産	韓国産	その他	国産	韓国産	その他
1991	496	740.0	1199.6	1	1.050	1.050
1992	340	500.0	933.7	1	1.050	1.050
1993	431	501.3	583.9	1	1.050	1.050
1994	338	947.5	608.4	1	1.050	1.050
1995	301	465.0	670.8	1	1.047	1.047
1996	368	553.0	718.7	1	1.043	1.043
1997	343	695.6	689.6	1	1.040	1.040
1998	429	557.9	734.1	1	1.037	1.037
1999	306	424.7	496.1	1	1.033	1.033
2000	296	385.5	457.1	1	1.030	1.030
2001	331	323.9	460.7	1	1.030	1.030
2002	333	299.6	470.5	1	1.030	1.030
2003	349	338.1	546.7	1	1.030	1.030

	CIF価格[税込] (円/kg)			CIF価格[税込] (国産=100)		
	国産	韓国産	その他	国産	韓国産	その他
1991	496	777.0	1259.6	100	156.7	253.9
1992	340	525.0	980.4	100	154.4	288.4
1993	431	526.4	613.1	100	122.1	142.2
1994	338	994.9	638.9	100	294.3	189.0
1995	301	486.8	702.3	100	161.7	233.3
1996	368	576.8	749.6	100	156.7	203.7
1997	343	723.4	717.1	100	210.9	209.1
1998	429	578.5	761.2	100	134.8	177.4
1999	306	438.7	512.4	100	143.4	167.5
2000	296	397.0	470.8	100	134.1	159.1
2001	331	333.6	474.5	100	100.8	143.3
2002	333	308.6	484.6	100	92.7	145.5
2003	349	348.2	563.1	100	99.8	161.4

常に小さいが，近年急激に輸入量が増加していることが推定結果に反映されている。ただし，やはり②式と同様，韓国産とその他産は日本市場で代替財でなく補完財であるという推定結果については疑問が残る。また，自己価格弾力性及び国産との交差弾力性のt値が低い。

　④式からは，国産ピーマン供給の価格弾力性が0.218と推定された。異常気象による減産があることも示されている。供給計画は一期前に実現された生産物価格，生産要素価格を当年の期待価格として立てられていることを前提にしているが，肥料価格，労賃（女性）の符号が理論整合的ではないこと，

ダービン・ワトソン比が大きすぎることが指摘できる。

⑤,⑥式は,国産の出荷量と市場流通量,それから国産の卸売価格と生産者価格が,ほぼパラレルに連動していることを示している。

(2) 国内生産者への影響の推定

まず,国内の生産者への影響を考える。国産供給(出荷量)DSは前年価格で決定される先決変数であるので,当該年においては国産出荷量は所与である。QJPNN=QJPN/POP*1000であることも考慮して,上記の①,⑤,⑥式を連立して国内生産者価格PPについて解くと,LOG(PP)=C(61)+{C(62)/C(12)}*[C(51)+C(52)*LOG(DS)−LOG(POP/1000)−C(11)−(13)*LOG(PK*TPIK)−C(14)*LOG(PO*TPIO)−C(15)*LOG(EXPN)] …①"

①"式から得られたPPを④式に代入すると次年の国産供給DSが決まる。こうした逐次決定過程により,本モデルによる現状再現値DS\$,PP\$を得る(表3)。

①"式でTPIK=1とすれば,日韓FTAで韓国のみが関税撤廃された場合の推定値DS\$\$,PP\$\$を得る(表3)。さらに,①"式でTPIK=TPIO=1とすれば,WTOベースでその他の国に対しても関税が撤廃された場合の推定値DS\$\$\$,PP\$\$\$を得る(表3)。こうして求められた日韓FTAケース,WTOケースと現状再現値とを比較する(表3)。

生産者の利益の減少は次式で捉える。

日韓FTAケース (PP\$-PP\$\$)(DS\$+DS\$\$)/2
WTOケース　　　(PP\$-PP\$\$\$)(DS\$+DS\$\$\$)/2

これは,単位当たりの価格下落を,事前と事後の平均数量で評価したもので,供給関数を線型とみなした場合の生産者余剰の近似値である。

上記の試算は,我が国の物価水準が安定して推移した1995年以降2002年までについて行った。日韓FTAで韓国のみに関税撤廃した場合,1995年〜2002年における国内生産者の生産者余剰の減少は年平均で9,353万円と,決して無視できない数字であることがわかった。さらに,WTOベースでその

表3　国内の生産者への影響

モデルの現状再現値		
	PP$(kg)	DS$(kg)
1995	240.6	144,793,545
1996	276.7	143,013,318
1997	292.4	143,037,960
1998	290.9	142,661,407
1999	275.0	141,105,000
2000	235.4	146,543,315
2001	293.2	136,366,038
2002	333.9	131,996,467

韓国のみ関税撤廃（TPIK＝0）				
	PP$$（円/kg）	生産者価格変化率（%）	DS$$（円/kg）	出荷量変化率（%）
1995	239.8	▲0.308	144,690,143	▲0.071
1996	275.9	▲0.283	142,917,174	▲0.067
1997	291.6	▲0.263	142,949,811	▲0.062
1998	290.2	▲0.244	142,579,504	▲0.057
1999	274.4	▲0.218	141,029,955	▲0.053
2000	234.9	▲0.198	146,473,666	▲0.048
2001	292.7	▲0.198	136,307,031	▲0.043
2002	333.2	▲0.198	131,939,351	▲0.043

WTOベースでその他の国に対しても関税撤廃（TPIK＝TPIO＝0）				
	PP$$$（円/kg）	生産者価格変化率（%）	DS$$$（円/kg）	出荷量変化率（%）
1995	238.4	▲0.890	144,493,641	▲0.207
1996	274.4	▲0.816	142,734,455	▲0.195
1997	290.2	▲0.760	142,782,274	▲0.179
1998	288.8	▲0.704	142,423,826	▲0.167
1999	273.2	▲0.630	140,887,305	▲0.154
2000	234.0	▲0.574	146,341,263	▲0.138
2001	291.6	▲0.574	136,194,851	▲0.126
2002	332.0	▲0.574	131,830,765	▲0.126

生産者への影響		
	韓国のみ（円）	WTOベース（円）
1995	▲107,052,035	▲309,581,694
1996	▲111,487,958	▲322,501,245
1997	▲109,805,463	▲317,709,453
1998	▲100,928,852	▲292,091,420
1999	▲84,343,671	▲244,163,247
2000	▲68,271,619	▲197,684,120
2001	▲79,149,313	▲229,190,339
2002	▲87,236,706	▲252,608,765
合計	▲748,275,616	▲2,165,530,282
年平均	▲93,534,452	▲270,691,285

第6章　低関税品目における日韓自由貿易協定の影響——ピーマンの場合

他の国に対しても関税が撤廃された場合は年平均2億7,069万円にのぼる。

(3) 輸入数量の変化

②，③式に，QKN＝QK/POP*1000，QON＝QO/POP*1000であることも考慮して，前節の計算過程で求められる国産卸売価格の現状再現値PJPN$を代入すると，韓国産とその他産の輸入量の現状再現値QK$，QO$が得られる（表4）。さらに，TPIK＝1の条件を付加すれば，日韓FTAケースの韓国産とその他産の輸入量の推定値QK$$，QO$$が得られる（表4）。さらに，

表4　国産ピーマンの卸売価格・流通量の変化

モデルの現状再現値		
	QJPN$(kg)	PJPN$
1995	186,966,784	288.1
1996	184,693,292	338.2
1997	184,724,765	360.4
1998	184,243,837	358.2
1999	182,255,871	335.8
2000	189,201,077	280.9
2001	176,201,391	361.6
2002	170,616,783	419.7

韓国のみ関税撤廃（TPIK＝0）					
	QJPN$$(kg)	PJPN$$(円/kg)	国産ピーマンの卸売数量変化量(kg)	国産ピーマンの卸売価格変化(円/kg)	国産ピーマンの卸売数量変化率(%)
1995	186,818,705	287.0	▲148,079	▲1.0	▲0.079
1996	184,559,201	337.1	▲134,092	▲1.1	▲0.073
1997	184,599,823	359.3	▲124,942	▲1.1	▲0.068
1998	184,128,396	357.2	▲115,441	▲1.0	▲0.063
1999	182,153,819	335.0	▲102,051	▲0.8	▲0.056
2000	189,104,624	280.3	▲96,453	▲0.6	▲0.051
2001	176,111,566	360.7	▲89,826	▲0.8	▲0.051
2002	170,529,804	418.7	▲86,979	▲1.0	▲0.051

WTOベースでその他の国に対しても関税撤廃（TPIK＝TPIO＝0）					
	QJPN$$$(kg)	PJPN$$$(円/kg)	国産ピーマンの卸売数量変化量(kg)	国産ピーマンの卸売価格変化(円/kg)	国産ピーマンの卸売数量変化率(%)
1995	186,537,335	285.1	▲281,370	▲1.9	▲0.151
1996	184,304,383	335.0	▲254,817	▲2.1	▲0.138
1997	184,362,376	357.3	▲237,447	▲2.1	▲0.129
1998	183,908,990	355.3	▲219,406	▲1.9	▲0.119
1999	181,959,842	333.4	▲193,977	▲1.6	▲0.106
2000	188,921,276	279.1	▲183,348	▲1.2	▲0.097
2001	175,940,815	359.2	▲170,751	▲1.6	▲0.097
2002	170,364,465	416.9	▲165,339	▲1.8	▲0.097

TPIK＝TPIO＝1とすれば，WTOケースの韓国産とその他産の輸入量の推定値QK\$\$\$，QO\$\$\$が得られる（表4）。こうして求められた日韓FTAケース，WTOケースと現状再現値とを比較する（表4）。

上記の試算は，我が国の物価水準が安定して推移した1995年以降2002年までについて行った。日韓FTAで韓国のみに関税撤廃した場合，1995年～2002年における韓国産の輸入増加率は年平均で18.8％とかなり大きい。韓国産とその他産は，このモデルでは代替財となっていないため，その他産も若干増加し，貿易転換は生じない。さらに，WTOベースでその他の国に対しても関税が撤廃された場合は，その他産も年平均29.2％の増加が見込まれるが，韓国産の輸入増加率も年平均で42.8％と非常に大きい。韓国産とその他産が補完財としてモデルに組み込まれているためである。

4．結論と今後の課題

本章は，我が国のFTA推進において，低関税であるがゆえに撤廃やむなしと判断されつつある品目についても，その影響を品目別に詳細に検討する必要があるとの認識に基づき，日韓FTAにピーマンが組み込まれた場合の影響を，主に日本国内の生産者への影響に焦点を当てて分析した。

その結果，日韓FTAにより韓国のみにピーマンの関税を撤廃した場合，生産者余剰の減少は年平均で約9,500万円と，決して無視できない数字であることがわかった。さらに，WTOベースでその他の国に対しても関税が撤廃された場合は，生産者余剰の減少は年平均約2億7,000万円にのぼる。また，韓国側から見ると，年平均で20％程度のかなり大きな輸入増加が見込まれることも注目される。これらの数値は，WTOでの低関税品目の取扱いも含めて，3％といえども何らかの配慮が必要であることを具体的に示す有益な資料を提供するものである。

今回の分析で残された課題としては，まず各方程式の精度を高めることが挙げられる。特に，今回のモデルでは，韓国産ピーマンとその他産ピーマン

第6章　低関税品目における日韓自由貿易協定の影響——ピーマンの場合

表5　輸入価格・数量の変化

モデルの現状再現値		
	QK$$$(kg)	QO$$$(kg)
1995	119,356	519,431
1996	150,339	1,663,985
1997	127,270	5,093,357
1998	216,463	2,554,577
1999	3,174,890	17,273,189
2000	4,148,385	21,366,866
2001	11,334,477	11,830,574
2002	26,503,864	15,739,081

韓国のみ関税撤廃（TPIK＝0）						
	QK$$(kg)	QO$$(kg)	韓国産輸入増加量 QK$$$－QK$(kg)	その他産輸入増加量 QO$$$－QO$(kg)	韓国産輸入増加率（％）	その他産輸入増加率（％）
1995	149,034	529,460	29,678	10,030	24.9	1.9
1996	184,279	1,693,413	33,939	29,428	22.6	1.8
1997	153,844	5,177,221	26,574	83,865	20.9	1.6
1998	258,032	2,593,518	41,568	38,941	19.2	1.5
1999	3,714,514	17,508,296	539,624	235,107	17.0	1.4
2000	4,785,700	21,631,480	637,315	264,614	15.4	1.2
2001	13,075,789	11,977,088	1,741,312	146,514	15.4	1.2
2002	30,575,644	15,933,998	4,071,780	194,918	15.4	1.2
				平均	18.8	1.5

WTOベースでその他の国に対しても関税撤廃（TPIK=TPIO＝0）						
	QK$$$(kg)	QO$$$(kg)	韓国産輸入増加量 QK$$$－QK$(kg)	その他産輸入増加量 QO$$$－QO$(kg)	韓国産輸入増加率（％）	その他産輸入増加率（％）
1995	188,590	722,084	69,234	202,653	58.0	39.0
1996	228,659	2,250,540	78,320	586,555	52.1	35.3
1997	188,097	6,747,912	60,827	1,654,555	47.8	32.5
1998	310,845	3,315,021	94,382	760,444	43.6	29.8
1999	4,387,034	21,802,278	1,212,144	4,529,089	38.2	26.2
2000	5,568,531	26,412,595	1,420,146	5,045,729	34.2	23.6
2001	15,214,689	14,624,333	3,880,212	2,793,759	34.2	23.6
2002	35,577,120	19,455,823	9,073,256	3,716,742	34.2	23.6
				平均	42.8	29.2

が競合財ではなく補完財となっているため，韓国のみに関税撤廃を行ってもその他産の輸入量が減らず，貿易転換は生じない。この妥当性は十分検討する必要がある。また，供給関数の係数の符号にも理論に不整合なものがいくつかあり，説明変数の選択を含めて再度吟味する必要があろう。

　なお，モデル改善の当面の最優先課題として，輸出国の供給の価格弾力性が無限大になっている点が挙げられる。この仮定の下では，日本の輸入が増えても韓国やその他産ピーマンの輸入価格の上昇圧力は生じない。輸入量の

表6 変数一覧

変数	定義	単位	資料
QJPN	国産ピーマンの全国青果物卸売市場流通量	kg	農水省『青果物卸売市場調査報告』
PJPN	国産ピーマンの全国青果物卸売市場における卸売価格	kg	
QK	韓国産ピーマンの輸入量	kg	財務省『貿易統計』
VK	韓国産ピーマンの輸入価額	1,000円	
PK	韓国産ピーマンの輸入CIF価格	円/kg	
QO	韓国産以外のピーマンの輸入量	kg	
VO	韓国産以外のピーマンの輸入価額	1,000円	
PO	韓国産以外のピーマンの輸入CIF価格	円/kg	
POP	日本の総人口	人	総務省『日本統計年鑑』
TPIK	1＋韓国産ピーマンに賦課される実行税率	－	日本関税協会『実行関税率表』
TPIO	1＋韓国産ピーマンに賦課される実行税率		
EXPN	家計一人当たりの全消費支出	円	総務省『家計調査年報』
DS	国内生産者のピーマン出荷量	kg	農水省『野菜生産出荷統計』
PP	国産ピーマンの生産者価格	円/kg	農水省『農業物価統計』
FPI	肥料価格指数	2000年=100	
WMI	農業雇用労賃（臨時雇）指数・男性		
WFI	農業雇用労賃（臨時雇）指数・女性		
LI	賃借料及び料金指数		
WD	天候に関するダミー変数	－	農水省『農業物価統計』を基に圖師作成
QJPNN	(QJPN/pop)*1000	円/1,000人	農水省『青果物卸売市場調査報告』、財務省『貿易統計』を基に圖師作成
QKN	(QKN/pop)*1000		
QON	(QON/pop)*1000		

増加が非常に小さければ，この仮定はさほど問題ではないが，今回の試算でも韓国からの輸入はかなり増加する可能性が示唆されている。したがって，輸出国の需要・供給関数も組み込むことにより，貿易量の変化が国際価格に与える影響を考慮できるモデルに発展させる必要がある。

参考文献

鈴木宣弘（2004）『FTAと日本の食料・農業』，筑波書房。

Nobuhiro Suzuki.2004 *Is Walnut Import Liberalization Beneficial or Harmful to Japan?* (unpublished paper)

第7章　日本の農産物貿易自由化の厚生効果
──「小国」の仮定の問題

安達英彦

1．課題

　Hufbauer and Elliot（1994）や佐々波ら（1996）等に代表される国境保護のコストの試算には，農業については，国家安全保障，国土保全，地域社会の維持といった農業の持つ外部効果が関税撤廃による生産減少とともに失われることが考慮されていないという問題がある。しかし，外部効果の計量の困難性を考慮すると，その点は当面やむを得ないということもできる。現時点で，我々が農産物に関して，特に問題とすべきは，国境保護のコスト分析のほとんどが前提にしている，いわゆる「小国」の仮定であると考えられる。

　貿易自由化が必ず当該国の経済厚生を高めるという結論は，この「小国」の仮定に依存した結論であることに，我々は改めて留意すべきである。この仮定は，当該国の輸入量の増減が国際価格に影響を及ぼさない，というものであるが，これが崩れれば，貿易自由化が当該国の「国益」（経済厚生の向上）に合致するかどうかは，とたんに不確定になるのである。

　「小国」の仮定は，その簡便性のゆえに，しばしば用いられるが，実際に輸入が増えた場合の国際価格の上昇が無視できるような状況はどれほど存在するであろうか。特に，世界の農産物市場は，輸入国の関税のみならず，輸

出国側の輸出補助金により大きく歪曲されているため，保護削減が行われると，保護によって歪曲されていた国際価格の上昇が大きい可能性がある。日本の関税撤廃の影響を考える場合，他の世界各国の関税や輸出補助金はそのままで，日本だけが関税撤廃するという一方的自由化は想定できないので，輸出国側の輸出補助金もなくなるような状況を見込む必要があり，そうであれば，日本の関税撤廃の影響試算においても，「小国」の仮定は非現実的である。

そこで，本稿では，Hufbauer and Elliot（1994）らのモデルを，日本の農産物輸入増により国際価格上昇が生じることを考慮できるように修正し，そうした価格上昇を考慮すると結果がどの程度変化するかを検証する。具体的には，修正されたモデルによる試算結果とHufbauer and Elliot（1994）の方法で計測した場合との比較を行う。取り扱う品目は，Hufbauer and Elliot（1994）の方法に依拠した佐々波ら（1996）で計測された米，小麦，鶏肉だけでなく，かぼちゃ，アスパラガスといった野菜2品目を加えて検証する。

2．モデル

モデルは個々の商品に対する部分均衡モデルである。国産品と輸入品とは完全な同質財ではなく，不完全代替関係にあるとみなすが，輸入品を輸入先国別に区別せずに，輸入全体をひとまとめにして，国産品の需要関数と輸入品の需要関数という二本立てのモデルとする。需要関数と供給関数の関数型は指数型（対数線型）を採用する。これらの点は佐々波ら（1996）と同様である。

国産品の需要関数と供給関数を以下のように表す。
(1)　$Qd = aPd^{Edd}Pm^{Edm}$
(2)　$Qs = bPd^{Es}$

第7章　日本の農産物貿易自由化の厚生効果──「小国」の仮定の問題

ここで，Qd：国産品需要
　Qs：国産品供給
　Pd：国産品価格
　Pm：輸入価格（国際価格＋関税）
　Edd：国産品需要の価格弾力性
　Edm：国産品需要の輸入価格に対する交叉弾力性
　Es：国産品供給の価格弾力性

均衡ではQd＝Qsが成立している。

　次に輸入品の需要関数を(3)式，輸入量の変化に伴う国際価格の変化を(4)式で示す。(5)式は輸入価格（国際価格に関税を賦課した輸入品の国内価格）の定義式である。

(3)　$Qm = cPd^{Emd}Pm^{Emm}$
(4)　$\underline{Pm} = dQm^{Epm}$
(5)　$Pm = \underline{Pm}(1+t)$　（従価税の場合）

または

$Pm = \underline{Pm} + T$　（従量税の場合）

ここで，Qm：輸入数量
　Pm：輸入価格
　$\underline{Pm}$：国際価格
　t：関税率（従価税）
　T：関税率（従量税）
　Emd：輸入品需要の国産品価格に対する交叉弾力性
　Emm：輸入品需要の価格弾力性
　Epm：国際価格の輸入数量に対する弾力性

以上のような需要関数・供給関数の体系は対数変換することで次のような線型の体系で表すことができる。

(6)　　lnQd = lna + EddlnPd + EdmlnPm

(7)　　lnQs = lnb + EslnPd

(8)　　lnQm = lnc + EmdlnPd + EmmlnPm

(9)　　lnPm = lnd + EpmlnQm

(10)　　lnPm = lnPm + ln (1 + t)　（従価税の場合）

または

　　lnPm = ln（Pm + T）　（従量税の場合）

3．貿易障壁の変化による内生変数の変化の推定

　ここでは，価格・数量のデータが得られた基準時点（2002年）において均衡が成立していることを仮定して，価格・数量のデータと弾力性の推計値を，(6)式〜(9)式に代入することで定数項a，b，c，dを推定する。また，輸入価格の輸入数量に対する弾力性Epmは，藤木（1998）にならって小さくて0.3，大きくて1.0であると仮定し，それぞれのケースについて試算を行う。
　次に，こうして係数の値を確定した(6)式〜(9)式の方程式体系を解くことによって，貿易保護の変化（ここでは関税の撤廃）によって新たな均衡で成立する価格と数量を算出する。
　具体的にはlnQdとlnQsが等しくなるので，(6)式と(7)式より次式を得る。

(11)　　lnPd = (lna − lnb) / (Es − Edd) + [Edm/ (Es − Edd)] × lnPm

　ここでは輸入価格は国際価格に等しくなり（Pm = Pm），(11)式によって得られたlnPdを(8)式に代入することでlnQmを得ることができる。さらにlnQmを(9)式に代入すれば新たな均衡におけるlnPmが決定される。このように内

生的に決定されたlnPmは以下のような式で表される。

(12)　$\ln Pm = (\ln d + Epm\ln c + \beta)/(1-\alpha)$

ただし，$\alpha = EpmEmm + EpmEmdEdm/(Es-Edd)$
　　　　$\beta = EpmEmd(\ln a - \ln b)/(Es-Edd)$

新たな輸入価格を(11)式，(6)式および(8)式に代入することで，新たな国産品の均衡価格と輸入品および国産品の均衡数量が得られる。

4．厚生効果の数量化

貿易自由化による利得は社会的余剰の増加で見ると，2つの市場（国産品市場と輸入品市場）の社会的余剰の増加の和として求められる。

(1)　国産品市場

国産品市場では社会的余剰の増加は，消費者余剰の増加から生産者余剰の減少を差し引いたものであり，次式で表される。

(13)　$(Pd - Pd') \times Qd' + (Pd - Pd') \times (Qd - Qd') \times 1/2$

ここで，Pd'およびQd'は新たな均衡における価格と数量を表している。
　この消費者余剰の計測方法は，Morkle and Tarr（1980）によるものであり，2つの需要曲線から別々に計算される消費者余剰の平均値として近似できるとみなすことができる。この手法の妥当性についてはJones（1993）が数学的証明を与えている。ただし，この手法では，需要関数の左方シフトの影響が不十分にしか反映されておらず，計測値が過大になっている可能性がある。今回は，ケース間の数値の差異という相対関係に重点を置くので，こ

の問題に関する詳細な検討は行わないが，機会を改めて見直したい。

(2) 輸入品市場

輸入品市場の社会的余剰の増加は，死重損失の改善として(14)式で表される。国際価格が一定のケースでは，政府が喪失した関税収入はすべて消費者余剰の増加で相殺される。しかし，輸入量の増加に伴って国際価格が上昇するケースでは，政府が喪失した関税収入のうち消費者余剰の増加で相殺されない部分が存在し，それは(15)式で表される。この場合社会的余剰の増加は(14)式と(15)式の差で表される。

(14) $[(Pm - Pm') \times (Qm' - Qm)]/2$

(15) $(Pm' - \underline{Pm}) \times Qm$

ここで，Pm'およびQm'は新たな均衡における価格と数量を表している。

関税率変化の厚生効果は，新たな均衡価格および均衡数量を(13)式～(15)式に代入することにより算出できる。

5．データおよび弾力性等の推計結果

データは財務省貿易統計，食料需給表，農業物価統計による。弾力性については米，小麦，鶏肉の需要の価格弾力性および供給の価格弾力性は佐々波ら（1996）で使用された値を利用する。その他の弾力性は1988年から2002年までの15年間の年次データを用いて回帰分析により推定する。需要の価格弾力性の推定結果は表1に示されているとおりである。需要関数の係数（需要の価格弾力性）のt値には低いものもあり，また決定係数にも低いものはあるが，符号は経済理論と整合的であるので，これを利用することとする。

供給の価格弾力性については，佐々波ら（1996）を踏襲し，以下の誘導型方程式から推定する。

第7章 日本の農産物貿易自由化の厚生効果──「小国」の仮定の問題

表1　需要弾力性の計測結果

かぼちゃ		
国産品需要関数	lnQd = 6.19 − 0.24lnPd + 0.18lnPm 　　　　　　　(2.90)　　　(1.49)	R^2 = 0.47
輸入品需要関数	lnQm = 7.64 + 0.02lnPd − 0.32lnPm 　　　　　　　(0.16)　　　(1.69)	R^2 = 0.32
アスパラガス		
国産品需要関数	lnQd = −0.80 − 0.44lnPd + 0.83lnPm 　　　　　　　 (1.32)　　　(3.21)	R^2 = 0.52
輸入品需要関数	lnQm = 9.21 + 0.26lnPd − 0.84lnPm 　　　　　　　(1.07)　　　(2.32)	R^2 = 0.46

注：（ ）内は t 値，R^2 は決定係数
Qd：国産品需要量
Pd：国産品価格
Qm：輸入品需要量
Pm：輸入品価格

(16)　Es = Edd + (Edm/Γ)

ただし，Γ = ∂lnPd/∂lnPm

Γ：国産品価格の輸入価格に対する弾力性

(16)式はモデルの(6)式と(7)式から導出される。∂lnPd/∂lnPmは実際のデータから回帰分析により推定できる。国産品価格の輸入価格に対する弾力性Γの推定結果は表2に，それを用いた供給の価格弾力性Esの計算結果は表3にそれぞれ示されている。国産品価格の関数の説明変数の輸入価格の係数（Γ）のt値および決定係数は全体的に低く，計測結果は良好とはいえない。また，供給の価格弾力性Esがほぼゼロに近い小さな値と5を超える大きな値と，品目によって極端な差異が生じており，(16)式に基づくEsの間接的な導出手法の不安定性が指摘できる。全体を同時決定モデルとして解かずに，部分的に誘導型を用いるというのは理論的にも難がある。しかし，ここでは，供給の価格弾力性Esが一応正の値で得られているので，この結果をそのまま利用する。

表2　国産品価格の輸入品価格に対する弾力性（Γ）の計測結果

かぼちゃ	lnPd = 2.83 + 0.73lnPm (1.57)	R^2 = 0.23
アスパラガス	lnPd = 9.80 + 0.15lnPm (0.28)	R^2 = 0.01

注：（）内はt値，R^2は決定係数
Pd：国産品価格
Pm：輸入品価格

表3　供給弾力性（Es）の計測結果

	Es
かぼちゃ	0.0018
アスパラガス	5.06

6．厚生効果の試算結果

　国際価格が一定の場合（佐々波ら（1996）と同様の方法）をケース1とし，国際価格の輸入数量に対する弾力性Epmが0.3の場合をケース2，1.0の場合をケース3とする。試算結果は表4から表8に示されている。

(1)　ケース1

　ケース1では関税撤廃による社会的余剰の増加は米が1兆5,627億円，小麦が735億円とかなり大きいが，鶏肉，野菜類については関税率が5％～14％と低いこともあり，3品目合わせても200億円に満たない。国産品価格は米が約5分の1，小麦が約3分の2まで低下するが，その他の品目の価格低下はごく僅かである。輸入量については米が約55万トン増加しほぼ2倍になる。小麦も約120万トンの大幅な増加が予測される。その他の品目では鶏肉が約5万トン増加するほかは，現在の輸入量が小さいため大きな変化はない。

第7章 日本の農産物貿易自由化の厚生効果――「小国」の仮定の問題

表4 貿易自由化の厚生効果の計測結果（2002年・米）

単位：千トン，億円／千トン

データ	国産需要量	輸入量	国産価格	輸入価格（関税含）	関税率
	8667	551	2.19	4.45	402円/kg
ケース1	国産需要量	輸入量	国産価格	輸入価格	社会的余剰の増加
	8026	1123	0.46	0.43	15627
ケース2 (Epm=0.3)	国産需要量	輸入量	国産価格	輸入価格	社会的余剰の増加
	8030	1118	0.52	0.53	15005
ケース3 (Epm=1.0)	国産需要量	輸入量	国産価格	輸入価格	社会的余剰の増加
	8099	1033	0.66	0.75	13561
弾力性	Edd	Edm	Emm	Emd	Es
	－0.101	0.101	－0.936	0.936	0.049

Edd ：国産品需要の価格弾力性
Edm ：国産品需要の輸入品価格に対する交叉弾力性
Emm ：輸入品需要の価格弾力性
Emd ：輸入品需要の国産品価格に対する交叉弾力性
Es ：国産品供給の価格弾力性

表5 貿易自由化の厚生効果の計測結果（2002年・小麦）

単位：千トン，億円／千トン

データ	国産需要量	輸入量	国産価格	輸入価格（関税含）	関税率
	829	4973	1.52	0.95	65円/kg
ケース1	国産需要量	輸入量	国産価格	輸入価格	社会的余剰の増加
	701	6213	1.09	0.30	735
ケース2 (Epm=0.3)	国産需要量	輸入量	国産価格	輸入価格	社会的余剰の増加
	698	6249	1.11	0.32	622
ケース3 (Epm=1.0)	国産需要量	輸入量	国産価格	輸入価格	社会的余剰の増加
	692	6322	1.15	0.36	378
弾力性	Edd	Edm	Emm	Emd	Es
	－0.203	0.203	－0.27	0.27	0.5

表6 貿易自由化の厚生効果の計測結果（2002年・鶏肉）

単位：千トン，億円／千トン

データ	国産需要量	輸入量	国産価格	輸入価格（関税含）	関税率
	1226	467	2.07	2.44	12%
ケース1	国産需要量	輸入量	国産価格	輸入価格	社会的余剰の増加
	1207	500	1.99	2.18	105
ケース2 (Epm=0.3)	国産需要量	輸入量	国産価格	輸入価格	社会的余剰の増加
	1248	431	2.00	2.22	100
ケース3 (Epm=1.0)	国産需要量	輸入量	国産価格	輸入価格	社会的余剰の増加
	1350	302	2.02	2.28	97
弾力性	Edd	Edm	Emm	Emd	Es
	－0.21	0.21	－0.953	0.953	0.375

表7 貿易自由化の厚生効果の計測結果（2002年・かぼちゃ）

単位：千トン，億円／千トン

データ	国産需要量	輸入量	国産価格	輸入価格（関税含）	関税率
	220	128	1.31	0.86	5%
ケース1	国産需要量	輸入量	国産価格	輸入価格	社会的余剰の増加
	220	130	1.26	0.82	10.2
ケース2 (Epm=0.3)	国産需要量	輸入量	国産価格	輸入価格	社会的余剰の増加
	219	131	1.26	0.82	8.91
ケース3 (Epm=1.0)	国産需要量	輸入量	国産価格	輸入価格	社会的余剰の増加
	218	132	1.27	0.83	6.59
弾力性	Edd	Edm	Emm	Emd	Es
	−0.24	0.18	−0.33	0.02	0.0018

表8 貿易自由化の厚生効果の計測結果（2002年・アスパラガス）

単位：千トン，億円／千トン

データ	国産需要量	輸入量	国産価格	輸入価格（関税含）	関税率
	28.0	19.3	8.46	5.33	5%
ケース1	国産需要量	輸入量	国産価格	輸入価格	社会的余剰の増加
	27.0	20.1	8.40	5.08	1.81
ケース2 (Epm=0.3)	国産需要量	輸入量	国産価格	輸入価格	社会的余剰の増加
	38.0	14.0	8.41	5.13	0.21
ケース3 (Epm=1.0)	国産需要量	輸入量	国産価格	輸入価格	社会的余剰の増加
	83.0	6.0	8.43	5.19	−1.14
弾力性	Edd	Edm	Emm	Emd	Es
	−0.44	0.84	−0.84	0.26	5.06

(2) ケース2

ケース2では輸入量の増加とともに国際価格が上がるため，ケース1と比較すると輸入価格は高く，社会的余剰の増加は小さくなっている。輸入価格の上昇によって国産品価格も上昇する。米の社会的余剰の増加は1兆5,000億円でケース1よりも600億円小さい。小麦の社会的余剰増加もケース1より約100億円小さい620億円である。その他の品目でも社会的余剰増加の値はケース1よりもやや低くなっている。

(3) ケース3

ケース3では，ケース2よりも輸入価格上昇の程度がさらに大きいため，ケース2と比較しても社会的余剰の増加は小さくなる。

7．結論と今後の課題

佐々波ら（1996）による従来の方法では，輸入増加による価格上昇が考慮されていないため，貿易自由化による余剰増加を過大に評価している可能性があると予想された。確かに，輸入増加による価格上昇を考慮した本稿の方法で計測した場合には，米を含めてほとんどの品目で社会的余剰の増加が小さくなることが確認された。特にアスパラガスでは，貿易自由化によって日本の経済厚生はむしろ低下する可能性も示された。ただし，他の品目では，国際価格の輸入量に対する弾力性が1の場合でも，国際価格の変化を無視したケース1と比較して，余剰増加額がそれほど大きく変化しないことも読み取れる。特に，米については貿易自由化によって，価格変化を考慮しない場合で1兆5,000億円，国際価格の輸入量に対する弾力性が1の場合でも1兆3,000億円と大きな厚生効果がもたらされることが示唆されている。

ただし，今回の試算は多くの点で暫定的なものである。まず，本稿のモデルで導入した(4)式では，国際価格の輸入量に対する弾力性を最高でも1と仮定したが，この係数を実証的に検証することにより，より現実的な値に変更できれば，結果は大きく変化する可能性がある。また，需要関数や供給関数の推定においては，t値および決定係数が低く，計測結果が不安定であったが，そのまま使用した。国産品供給の価格弾力性の間接的な導出方法も再検討の余地がある。さらには，消費者余剰の計算方法にも精査が必要である。

以上のように，本稿は，農業保護のコスト算定における従来の「小国」の仮定の問題点を明らかにすべく，修正されたモデルによる代替的な暫定的な試算を行い，一定の改善方向を示すことはできたが，より本格的な実証分析

に向けて，残された課題の解決に取り組む必要がある。

参考文献

藤木裕（1998）「農業貿易システムの変化とコメの関税化・国内自由化」奥野正寛・本間正義編『農業問題の経済分析』，日本経済新聞社，東京，pp.143-166。

本間正義（1994）『農業問題の政治経済学』，日本経済新聞社，東京。

Hufbauer, C. and K. Elliot 1994 *Measuring the cost of protection in the United States*. Institute for International Economics, Washington, D.C.

Jones, M. 1993 The Geometry of Protectionism in the Imperfect Substitutes Model: A Reminder. *Southern Economic Journal*, 60：235-238

Morkle, M. and D. Tarr 1980 *Effects of Restrictions on United States Imports: Five Case Studies and Theory*. Bureau of Economics Staff Report, Washington, D.C.

佐々波陽子・浦田秀次郎・河井啓希（1996）『内外価格差の経済学』，東洋経済新報社，東京。

第8章　GTAPモデルおよびCGEモデルの解説

川崎賢太郎

1．はじめに

　GTAPとはGlobal Trade Analysis Projectの略であり，貿易政策をはじめとする様々な政策のシミュレーションを行うことを目的に，アメリカのパーデュ大学のハーテル教授を中心にして作成されたCGE（Computable General Equilibrium: 計算可能な一般均衡）モデルの一種である。カバーしている地域や財が広範にわたるため，多くの国際機関・研究機関等で用いられており，我が国でもFTAの分析をはじめとする多数の研究蓄積がある[注1]。
　GTAPモデルやCGEモデルに関する解説は既に多くの書物によって行なわれているが[注2]，やや専門的であるため概略を掴みたいだけの読者にとっては敷居が高くなっているのも事実である。そこで本稿ではGTAPモデルやCGEモデルの概略を掴むために必要となる点だけをピックアップし，なるべく平易な用語を用いて初学者にもわかりやすい解説を試みることにする。
　以下の構成は次の通りである。まず第1節でCGEモデルの特徴や数学的な構造，作成の手順，動学化および不完全競争といったCGEモデルのフロンティアについて順次解説する。そして第2節では第1節を拡張する形でGTAPモデルを解説していく。

2．CGEモデル

GTAPモデルはCGEモデルの一種であるため[注3]，その理解にはCGEモデルの理解が不可欠である。そこで本節ではGTAPの解説に先立ち，CGEモデル[注4]の特徴と構造について説明しよう。

(1) CGEモデルの特徴

CGEモデルとは，一般均衡理論に基づいて全ての財・サービス，生産要素（労働や資本）に市場を設定し，これら複数の市場均衡が価格を媒介として同時に成立するとしたモデルの呼称である。シミュレーションを行なうことによって，政策の変更が価格や各経済主体の行動，資源配分，所得配分や経済厚生などにどのような変化を及ぼすのかを評価することができる。その応用範囲は幅広く，特にFTA・WTOなどの貿易政策や，所得税・炭素税などの租税政策の分析に用いられることが多いが，それ以外にも定式化次第で様々な分野へと応用可能である[注5]。

ここでCGEモデルの特徴を，"Computable General Equilibrium（計算可能な一般均衡）モデル"という名前の由来に沿って整理しよう。

第一に，CGEモデルはその名からもわかるように一般均衡理論（General Equilibrium Theory）を基礎に据えたものであるが，定性的な分析に留まっていたこの理論を，計算アルゴリズムの発展やコンピュータの普及に支えられて定量的な分析へと応用可能にしたもの，つまり"Computable"にしたものがCGEモデルである。定性的な分析だけでは，例えば貿易自由化によって経済厚生が高まるという理論的帰結がわかっていても，それが具体的にどの程度の大きさなのかについてはわからない。そのような問いに定量的に答えるのがCGEモデルなのである。経済学を現実の世界に役立てるためには，定性・定量，両面からのアプローチが必要であるが，その意味でCGEモデルの果たす役割は大きい。

第8章　GTAPモデルおよびCGEモデルの解説

　第二の特徴は，CGEモデルでは一部の財や生産要素だけでなく，全ての財・サービスおよび生産要素（労働，資本，土地）市場を扱うことができるということであり，これがComputable "General（一般）" Equilibriumモデルたる所以である(注6)。例えばFTAを締結した場合，その影響はある特定の産業にとどまるわけではなく，多くの産業に及ぶ。更に産業間の労働移動などが引き起こされることで，生産要素市場も影響を受けるであろう。もちろん消費税や炭素税などの税制改革を例にとっても，各産業，消費者，政府など多方面への影響が考えられる。これらの影響を包括的に評価するためにはCGEモデルによる "一般" 均衡分析が不可欠なのである。

　第三の特徴は，CGEモデルでは需給が "Equilibrium（均衡）" するように価格がモデル内部で決定される，つまり価格が内生化されている点である。この特徴はモデルを拡張する上で非常に重要な点であり，例えば経済理論に沿った定式化や，資源配分，所得分配，経済厚生などの定量的な評価は，価格が内生化されていなければそもそも不可能である。価格が内生化されていないシミュレーションなどあるのかと思われる方もいるかもしれないが，例えばCGEモデルに構造がよく似た産業連関分析などでは価格は内生化されていない。後述するようにCGEモデルは，産業連関表をデータベースとして利用しており，構造的に産業連関分析と類似した点も少なくないのだが，産業連関分析との最大の相違はこの価格の内生化の有無にある。

　最後に，CGEモデルの構造は経済理論に沿って様々な形に拡張できる点を指摘したい。例えば1節(4)で取り上げる動学や不完全競争のモデル化などはその一例であるが，このような拡張性は，理論とシミュレーションの相互交流を促し，それを通じてCGEモデルを普及させることにもつながっていくのである。

(2)　CGEモデルの定式化

　本節では，2種類の財および2種類の生産要素（労働と資本）からなる最も単純な閉鎖経済を例に，CGEモデルの数学的な構造を説明しよう。

表1　変数一覧

内生変数		外生変数	
C_i	財iの消費量	K^*	資本賦存量
X_i	財iの生産量	L^*	労働賦存量
P_i	財iの価格		
U	効用水準		
Y	所得		
w	労働の要素価格		
r	資本の要素価格		
K_i	部門iにおける資本投入量		
L_i	部門iにおける労働投入量		

内生変数合計：14個

　まず生産者の行動を定式化する。各財は労働と資本から生産されるものとし（中間財はここでは考慮しない），その生産関数として規模に関して収穫一定のコブ・ダグラス型を仮定しよう。このとき生産関数は式(1), (2)のように書ける（変数の定義は表1の通り。また規模に関して収穫一定という仮定は係数b_iと$1-b_i$の和が1となっていることに反映されている）。この関数に利潤最大化の一階の条件，つまり"要素価格＝限界生産物価値"という条件を適用すれば，若干の計算により要素需要関数，式(3)〜(6)が導かれる。また規模に関して収穫一定の生産関数の下では，最大化された利潤はゼロとなるため[注7]，売上総額はコスト，つまり生産要素への支払い額に等しくなる（式(7), (8)）。これら式(3)〜(8)が生産者の行動を表す一連の方程式となる。

(1) $\quad X_1 = a_1 \cdot K_1^{b1} \cdot L_1^{1-b1}$

(2) $\quad X_2 = a_2 \cdot K_2^{b2} \cdot L_2^{1-b2}$

(3) $\quad K_1 = \dfrac{1}{a_1} \cdot \left(\dfrac{b_1}{(1-b_1)} \cdot \dfrac{w}{r} \right)^{(1-b1)} \cdot X_1$

(4) $\quad L_1 = \dfrac{1}{a_1} \cdot \left(\dfrac{(1-b_1)}{b_1} \cdot \dfrac{r}{w} \right)^{b1} \cdot X_1$

(5)　　$K_2 = \dfrac{1}{a_2} \cdot \left(\dfrac{b_2}{(1-b_2)} \cdot \dfrac{w}{r} \right)^{(1-b_2)} \cdot X_2$

(6)　　$L_2 = \dfrac{1}{a_2} \cdot \left(\dfrac{(1-b_2)}{b_2} \cdot \dfrac{r}{w} \right)^{b_2} \cdot X_2$

(7)　　$P_1 X_1 = r K_1 + w L_1$

(8)　　$P_2 X_2 = r K_2 + w L_2$

次に消費者としてここでは1つの代表的家計を考え，その所得は式(9)で表されるように，労働賃金と資本レンタルの合計からなるものとする。単純化のために貯蓄は存在しないものとし，全ての所得をいずれかの財の購入に用いるものとする。そして効用関数としてここでもコブ・ダグラス型を想定すれば（式(10)），これに効用最大化の一階の条件，すなわち限界代替率＝価格比という条件を適用することにより，若干の計算の後，各財の需要関数（式(11)，(12)）を得ることができる。

(9)　　$Y = r(K_1 + K_2) + w(L_1 + L_2)$

(10)　　$U = C_1^{\alpha} C_2^{(1-\alpha)}$

(11)　　$C_1 = \dfrac{\alpha Y}{P_1}$

(12)　　$C_2 = \dfrac{(1-\alpha) Y}{P_2}$

最後にそれぞれの財市場と要素市場について，需給均衡条件である式(13)～(16)を加えることによって，モデル体系を閉じることができる。

(13)　　$C_1 = X_1$

(14)　　$C_2 = X_2$

(15)　　$K_1 + K_2 = K^*$

(16)　　$L_1 + L_2 = L^*$

表1からもわかるように内生変数は14個，そして方程式は式(3)～(16)の14本である。ただし計算の際にはニュメレール（価値基準）を設定してやる必要がある。通常は賃金ないしCPIなどの物価指数をニュメレールとするが，ここでは賃金 w をニュメレールとして1に固定しよう[注8]。それによって内生変数は一つ減って13個となる。またワルラスの法則（n個の市場があるとき，n‒1個の市場が均衡していれば他の一つも自動的に均衡する）によって需給均衡式はいずれか1本が不要となるため，ここでは労働市場の均衡式(16)を除くことにする。その結果，方程式は計13本となって内生変数の数と一致し，モデルを解くための条件である内生変数と方程式数の一致が確認できる。

以上で定式化は完了であり，あとはパラメータおよび外生変数（生産関数と効用関数内の係数 a_i, b_i, α, および資本・労働の合計量 K^* と L^* ）の値を設定してやればシミュレーションを行うことが可能となる。シミュレーションでは任意の外生変数を操作することによって，内生変数がどのように変化するのかを観察することになる。例えば労働量 L^* として，100を代入して計算した結果と，110を代入して計算した結果を比較することによって，労働が10%増加した場合に，財や要素の価格，生産量，消費量や要素需要量などの内生変数の値がどのような影響を受けるか観察するのである。もちろん以上は最も単純な例であり，実際の分析ではこれを拡張することが不可欠である。具体的な拡張例は2節で紹介するが，それによって各種税制，貿易量，貯蓄・投資額，為替レート，GDP，等価変分など様々な変数を扱えるようになり，より具体的な政策評価が可能となる。

ところで生産サイドの定式化においては，労働賃金と資本のレンタルプライスがどちらの産業に対しても同じ値（w, r）で与えられていた。これは両産業間に賃金格差が存在しないことを意味するわけだが[注9]，この背後には賃金格差を解消するように労働や資本が産業間を移動するという暗黙の仮定が存在する。何らかのショックを経済に与えた場合，現実にはこのような労働や資本の移動は直ちには生じず，長い時間を要するであろう。つまり賃

金格差が存在しないという仮定は"長期的に"成立するものであり、上記のモデルは長期的な均衡を描写するものと言える[注10]。これは後に述べるように、モデルが静学的か動学的かということとも密接に関係しており、静学的モデルはこのような長期的、ないし潜在的なインパクトを計測するためのモデルなのである。

(3) データとプログラミング

通常CGEモデルを作成する際に収集しなければならないデータは、SAM (Social Accounting Matrix：社会会計表) や各種の弾力性 (CES関数における代替の弾力性、CET関数における変形の弾力性、需要関数における所得弾力性) などである。

SAMとは産業連関表を拡張したものであり、ある特定年次における生産者・消費者・政府・生産要素など全ての経済主体ないし活動間の支払い・受け取りを金額単位で明示的に表したものである[注11]。ただしCGEモデルを作成する際に必要となるSAMは一年分だけであり、数量や価格に関する情報も必要ない。その意味では大量の時系列データを必要とするマクロ計量モデルなどよりも、データ収集は容易と言えよう。なぜ数量や価格に関する情報が不要かというと、全ての財や要素価格を基準時において1と設定 (基準化) することにより、金額データを数量データへと変換することができるからである。例えばコメの生産額が2兆円のとき、生産者価格を1、生産量を2兆とみなすのである。つまりここでの価格や数量の単位はあくまでモデル内部で決定されるものであり、円やトンなどの現実の単位は明示的に考慮されていないわけだが、それによって問題が生じることはない。何故ならば、例えばシミュレーションによって価格が0.9、生産量が3兆という結果が得られた場合、"価格は10%低下、生産量は50%増加"と表記すればよいからである。このためCGEモデルの分析結果は、"基準時からのパーセント変化"を単位として表示されていることが多い。また、この単位変換は全ての財・生産要素に適用されるため、例えば野菜の価格も1、労働賃金も1、全ての価

格が1と設定されることになる。それでは価格の大小関係が消えてしまい,消費者需要などがうまく導けないのではないかと思われる方もいるだろう。しかしそれについても問題はない。何故ならば,CGEモデルでは需要の変化を価格比の変化に基づいて決定するからである。例えばコメ価格が1から1.2に上昇し,野菜価格が1から0.8へと下落したとしよう。するとその価格比は1(=1/1)から1.5(=1.2/0.8)へと50％上昇し,コメのほうが相対的に割高になる。この価格比の変化と代替の弾力性を用いれば,コメと野菜の需要量比率の変化が求められるという仕組みなのである。

　SAM以外に必要なデータとしては各種の弾力性（CES関数における代替の弾力性,CET関数における変形の弾力性,需要関数における所得弾力性など）が挙げられるが,これについては,もしその値を推定した先行研究などがあれば,その値を引用すればよい。それができない場合には自らデータを収集し,計量経済学的手法によって推定することがベストであるが,実際にはそれが困難な弾力性も多く[注12],その場合は分析者の判断によって,他のCGE分析の例などを参考にしながら適当な値に設定されることになる。このようにパラメータの根拠が時に不十分であることは,CGEモデルの持つ最大の欠点であり,しばし批判されるところである。このようなときには次善の策ではあるが,パラメータ値を何通りかに設定することによって,そのパラメータが結果に及ぼす影響について調べることによって対処するのが一般的である（感度分析と呼ばれる）。そしてパラメータの違いによって結果に重大な差異をもたらすことがわかった場合には,結果の"幅"をきちんと明示するべきであろう。

　直接データを収集できないパラメータついては（前節の例で言えば,a_i,b_i,α),基準時のデータセットを再現できるよう逆算的に決定される。これはカリブレーションと呼ばれる手法であり,CGEモデルでは一般的に行なわれている係数の調整方法である。2節(1)2）でその一例が紹介される。

　データ収集が完了したら,次はいよいよシミュレーションを実行するわけだが,そのためにはGAMSやFortranなどのソフトウェアを利用してプログ

第8章　GTAPモデルおよびCGEモデルの解説

ラミングを行なうことが必要となる。Fortranの場合は均衡を求めるための計算アルゴリズム（例えばスカーフアルゴリズムなど[注13]）を自ら作成しなければならないが，GAMSの場合はアルゴリズムが既に組み込まれているため，それについてはさほど頭を悩ませずに済み，方程式やデータの入力がメインの作業となる。そのため近年ではGAMSユーザが非常に増えてきている。また，一部ではExcelで計算するような例もあるが（Sadoulet and de Janvry, 1995），モデルの拡張やエラーの発見が困難であるため，あまりお勧めはできない。GTAPモデルはFortran言語で記述されており，計算を行なうためには別途GEMPACKというソフトウェアが別途必要となる。ただし定式化やデータの設定，アルゴリズムなどが既に用意されているため，プログラミングに関する知識はほとんど必要ない。

(4) CGEモデルのフロンティア

本節では近年のCGEモデルの進展を語る上で欠かせない動学モデルと不完全競争モデルについて解説する。やや応用的なトピックであるので，GTAPモデルの理解だけに興味のある読者は2節へ進まれたい。

1）動学化

これまで見てきた例では時間に関する考慮がまったくなされていなかったが，このようなモデルは"静学的（Static）"と呼ばれ，多くのCGEモデルで採用されている構造である。静学モデルは，均衡状態にある経済が政策によって長期的にどのような均衡状態に移行するのかという，いわば政策の潜在的なインパクトを分析するものであり，そこに至るまでの移行過程について何ら解答を与えるものではない。

一方で時間を考慮することによって移行過程を明示的に扱う"動学的（Dynamic）"CGEモデルと呼ばれるものも近年数多く作成されており，これによって，ある政策を行なったときの影響を1年後，2年後，3年後……と追うことができる[注14]。動学的なCGEモデルには様々なタイプがあるが，

全てのタイプで扱われている最も基本的な仕組みは，時間に伴う資本の蓄積過程，すなわち今期の投資が来期の資本ストックを増加させ，来期の生産に貢献する過程である。つまり動学モデルでは需要創出効果と生産能力創出効果という投資の二重性を明示的に扱っているのである。

　様々なタイプの動学モデルがある中で，最も単純なタイプはRecursive Dynamic CGEモデルと呼ばれるものであり（Moran and Serra, 1993など），この種のモデルでは静学モデルを何度も何度も繰り返し解くことによって動学化を実現している。消費者は外生的に与えられた貯蓄率に従って所得の一部を貯蓄し，それが次期の資本ストックを形成することになる。最適化行動によって定式化された消費者行動は，残された所得でその期にどの財を購入するかという，いわば静学的な決定だけである。つまりこのモデルでの消費者は，将来を見込んで貯蓄と消費をどう配分するかという動学的な最適化を行なっているわけではない。これは成長論で言うところのソローモデルに相当する構造であるが，ソローモデルが動学的最適化を伴ったラムゼイモデルによってなされていったように[注15]，Recursive Dynamic CGEモデルもIntertemporal CGEモデルによって彫琢されることになる。Intertemporal CGEモデルは消費者や生産者の異時点間の最適化問題を明示的に扱っており，動学的CGEモデルの中で現在主流になっている。このタイプのモデルは近年の理論的な研究とも構造的に整合性が取れており，今後ますます増えていくことになるだろう。

　Intertemporal CGEモデルは更にいくつかの基準によって細分化できる。まず技術進歩率に注目した場合，それを外生的に与える新古典派モデル（Wendner 2001など）と，R&Dや人的資本を取り入れることによって内生的に決定する内生的成長モデル（Diao et al., 1999など）とに二分できる。また消費者の生存期間に注目することによっても王朝モデルと世代重複型（OLG：Overlapping Generations）モデルとに二分できる。王朝モデルとは，消費者が無限期間生存するモデルであり，これは自らの効用と子孫の効用を完全に無差別に扱うということに等しい。一方，世代重複型モデルにおいて

第8章　GTAPモデルおよびCGEモデルの解説

は，消費者は世代ごとに分割されており，生存は有限期間に限られている。世代重複型モデルは最も複雑な構造を持ったCGEモデルの一つであり，年金制度を始めとする様々な分析に応用されている（Broer and Lassila, 1997, Sadahiro and Shimasawa, 2002など）。

　GTAPモデルにおける動学化の例としてはまずFrancois（1996）が挙げられる。Francoisは，初期時点において経済がSteady Stateにあると仮定した上で，それが政策によってどのような影響を受けるのか，すなわちSteady State同士を比較する手法を提示している。移行過程を明示的に扱っているわけではないため厳密な動学化とは言えず，いわば静学と動学の中間に位置する存在であるが，GTAPモデルのプログラムの修正が比較的容易であるため，この種の手法を用いた分析も多い（川﨑，1999, Kawasaki, 2003など）。Francoisは10財10地域モデルによって貿易自由化の数値例も示しているが，ほとんどの地域においてGDPや経済厚生などの変化率は静学モデルに比べて数倍のオーダーで大きくなっている。一方，明示的に時間を導入したGTAPモデルとしては，Ianchovichina and McDougall（2001）が挙げられる。このモデルはRecursive型の動学モデルであり，前述のように異時点間の最適化問題を明示的に扱っていないという点で不満は残るが，国際間の資本移動を取り扱うにあたって資本が使用されている国と所有されている国を区別するなど，多地域モデルならではの工夫も見られて興味深い。

　近年の経済学における理論分析では動学モデルが主流となっているが（Ljungqvist and Sargent, 2000など），その扱いの困難さゆえに一部門モデルかつSteady Stateの比較のみに終始することが多い。その点，動学的CGEモデルであれば多部門かつ移行過程を分析することが可能になるため，理論分析の補完という意味で大きな意義を持つであろう。しかしながら目的が理論分析の補完ではなく実際の政策評価にある場合，動学的CGEモデルを利用するためには多くの困難を乗り越えなければならないことに注意しなければならない。動学モデルにおいては，例えば技術進歩率，国際的な資本移動，生産要素の移動がどの程度スムーズか，などが決定的に重要になるわけだが，

それらの定式化やパラメータの決定は容易ではなく，コンセンサスも得にくい。また経済主体は将来を完全予見できる，初期時点において経済はSteady Stateにある，などの仮定も容易には受け入れ難く，場合によってはむしろ静学モデルが受け入れられやすい場合もあるだろう。従ってCGEモデルの場合，動学と静学に単純に優劣をつけることはできず，分析の目的やデータのアベイラビリティなどに応じて適宜使い分けていくべきであろう。

2）不完全競争

不完全競争がCGEモデルによっても扱われている背景には，近年の貿易論において，従来の比較優位や要素賦存量に加え，規模の経済が重要な貿易発生要因として認識されるようになってきた事実がある。規模の経済は独占や寡占などの不完全競争を誘発することにもつながるため，不完全競争を扱うCGEモデルが登場したのも自然な流れと言えよう。

不完全競争の定式化については，"There is only one way to be perfect but many ways to be imperfect"（Helpman and Krugman, 1989）という言葉にもあるように，財の差別化の有無や，各企業がライバル企業の行動をどう捉えているかなどによって多くのパターンが存在する。

まず差別化がない状況，すなわち各企業が生産している財が完全に同質であり，ライバル企業より1円でも高く値付けすれば全く売れなくなるような状況（Product Homogeneity）から考えていこう。このような状況をモデル化する方法としては，Cournot Oligopoly（クールノー的寡占）モデルやConjectural Variation（推測的変化）モデルなどがある。Cournot Oligopolyモデルにおいては，各企業は自らの供給量が同業のライバル企業の供給量に影響しないと考えているものと仮定する。つまり自らが供給量を1増やしても，ライバル企業の供給量は不変であり，全企業合計した総供給量は1だけ増えると考えるのである。ここで得られる均衡は，それぞれが相手企業の生産量を予想して自己の最適生産量を決めるときに，実現した生産量の組が予想していた生産量の組と一致するような点であり，ナッシュ均衡となる。一

第8章 GTAPモデルおよびCGEモデルの解説

方Conjectural Variationモデルにおいては,自らの供給量増加はライバル企業の供給量に影響し,自分が供給量を1増やせば,全企業合計した総供給量はvだけ増えると考えるモデルである(Cournot OligopolyはConjectural Variationにおいて$v=1$としたケースに相当する)。ただしConjectural Variationモデルはvの理論的な背景が不十分だとされている。

次に財に差別化がある場合(Product Differentiation)であるが,これは企業ごとに財の品質が異なる場合であり,例えば同じ自動車でもトヨタやホンダなどメーカーによって品質が異なることを想起すればよい。このような状況は,Dixit and Stiglittz(1977)によって提唱されたLove of Varietyモデルを需要関数に用いることでモデル化されている。この仮定の下では,財間にある一定の代替の弾力性を設定し,各財を合成するという方法がとられる(これは2節(1)3)で紹介する"アーミントン仮定"に類似した手法である)。各財の需要は自己の価格だけでなく,他の財の価格にも依存し,たとえライバル企業よりも高い値付けをしても需要がゼロになるわけではなく,その価格の変化率と弾力性に応じて需要が変化していくことになる。更にLove of Varietyという名の通り,財の種類の増加は消費者の効用を高めることにつながる。一方,企業の供給行動についても,差別化のない場合と同様,自らの行動の影響をどう捉えているかによっていくつかのパターンが存在し,自らの供給量がライバル企業の供給量には影響しないものと考えるCournot Oligopoly(クールノー的寡占)モデル,自らの価格設定がライバル企業の価格設定に影響しないものと考えるBertrand Oligopoly(ベルトラン的寡占)モデル,自らの価格や供給量が集計された価格水準に影響しないものと考えるMonopolistic Competition(独占的競争)モデルなどがある[注16]。

これら不完全競争のCGEモデルへの導入は,Harris(1984)によって初めて行なわれた。完全競争の仮定を置いたCGEモデルによって貿易自由化や経済統合を分析した場合,厚生水準は効率改善効果によって決まることになるが,不完全競争を導入した場合には,規模の経済による効果(市場拡大,生産量増加によって企業の平均費用が減少し価格が低下),Love of Variety

効果(消費できる品種が拡大し効用が増加),独占度低下の効果(競争が激化しマークアップが減少)などが新たなに加わり,完全競争とは異なる結果を生じさせる。Harrisは自由貿易の影響を分析しているが,上記の追加的な効果によって,完全競争の場合に比べて経済厚生の増加幅が4倍近くにまで増えることを見出している。その後も不完全競争はCox and Harris(1984),Devarajan and Rodrik(1991),Burniaux and Waelbroeck(1992),Gasiorek et al.(1992),Mercenier and Schmitt(1996)などを始めとする数多くのCGEモデルで扱われており,GTAPモデルにおいてもFrancois(1998)や川﨑(1999)などによって導入されている。そしてニュメレールの設定や弾力性の推定などに関する問題を扱ったHoffmann(2002),均衡の一意性について分析したMercenier(1995),定式化の違いによる感度分析を行なったWillenbockel(2002)など,関連研究も数多い。

　不完全競争モデルの今後の課題としては,交互進行ゲームや同時進行ゲームといった複数期間ゲームを応用した動学化や,予想時点と均衡時点の時間的なギャップの導入,価格や数量ではなく税率や労働規制など新たなタイプの戦略変数を扱うモデル,企業同士の協調行動の導入など各種ゲーム論的要素を取り入れたCGEモデルの開発が挙げられよう(Ginsburgh and Keyzer, 2002)。

3. GTAPモデル

　前節で見たように,自らCGEモデルを作成してシミュレーションを行なうためには,"問題意識に沿った方程式体系の作成","データベースの作成","プログラミングの作成"という一連の作業が必要となり,完成までに多くの時間と技術を必要とする。特にFTAの分析を行うためには,少なくともFTAを締結する2地域およびその他世界1地域を扱うことが必要となるため,そのデータ収集は容易ではない。ましてGTAPモデルのように何十地域もカバーするモデルを個人的に作成することはほとんど不可能であり,そこ

にGTAPモデルの存在意義がある。GTAPではデータベースとプログラムが既に用意されているため，地域や財の集計方法，シナリオの与え方，データの見方など基礎的な利用方法さえ覚えれば比較的容易にシミュレーションを行うことが可能であり，GTAPモデルを用いる最大のメリットはこの点にある。ただし，シミュレーションは実行できても，そのメカニズムについてはよくわからないという愚は避けねばならない。特にGTAPモデルは構造が複雑であるため，そのような事態に陥りやすい。そのためには結果の入念な吟味はもちろんのこと，GTAPモデルの構造や問題点に関する理解が不可欠となる。以下ではGTAPモデルの主な特徴をピックアップして解説することにしよう。

(1) GTAPモデルの構造

GTAPモデルはCGEモデルの一種であるため，その構造は1節(2)で例示したモデルに，様々な拡張を施すことで説明できる。例えば，1．財や生産要素数の拡張，2．生産関数の精緻化，3．貿易の導入と多地域型への拡張，4．国際的な資本移動の導入，5．需要関数の精緻化，6．政府部門の追加，7．関税，所得税，消費税などの各種税制の追加，8．貯蓄や投資の追加，などである。紙面の都合により，本稿では特に重要と思われる1から4について順次解説する。それ以外の点に関しては，Hertel（1996）や川﨑（1999）などを参照されたい。

1) 地域・財分類

GTAPモデルの最大の特徴である詳細な地域と財の分類は数年に一度行なわれるバージョンアップごとに少しずつ細かくなっているのだが，次章で用いる"バージョン5"では地域は66，財は57に分類されている（次章の付表1参照）[注17]。財の分類は，開発者であるハーテル教授の専門が農業経済学であることを反映してか，食料産業がかなり詳細に分類されている。そしてこのようにカバーする地域や財が広範にわたるためGTAPモデルは様々な研

究機関・政府機関で用いられており，結果的にGTAPの利用は他の研究と共通の土俵で政策評価を行えるというメリット，いわゆるネットワーク外部性をも持つようになっている。

2）生産関数

1節(2)での生産関数は労働と資本だけを用いるコブダグラス型であったが，GTAPモデルにおいてはレオンチェフ関数とCES（Constant Elasticity of Substitution）関数を組み合わせることで，5つの生産要素（熟練労働，非熟練労働，資本，土地，資源）および中間財の扱いを可能にしている。コブダグラス型では代替の弾力性が1となるが，レオンチェフ関数ではゼロ，CES関数ではその値を任意に設定できるため，これらの関数を組み合わせて利用することによって，より自由度の高い定式化が可能となるのである。

図1を用いて生産関数の構造を説明していこう。実線はレオンチェフ関数，破線はCES関数を表している。まず熟練労働，非熟練労働などの各生産要素は破線，すなわちCES関数で結ばれているが，これは各生産要素が互いに代替関係にあり，その投入比率が要素価格比によって変化することを意味する。例えば熟練労働の賃金が他の要素価格よりも相対的に高くなれば，熟練労働の投入量は他の生産要素に比べて相対的に減少するのである。これを数式で確認しよう。単純化のために再び労働（L）と資本（K）だけを生産要素と仮定し，CES関数によって生産関数が式(17)のように表されているとすると，利潤最大化の一階の条件から労働と資本の投入比は式(18)のように表されることになる。この式を見れば他の変数が一定であるとき，労働需要は，労働賃金（w）が上がれば減少し，逆に資本レンタル（r）が上がれば増加することが確認できるであろう。次にこの式で用いられている各係数の決定方法について簡単に説明すると，GTAPモデルではまず係数σの値を先行研究を参考にして決定する。この係数σは労働と資本の代替の弾力性と呼ばれるものであり，要素価格比r/wが1％変化したときに，投入比K/Lが$-\sigma$％変化することを意味している（これは式(18)の対数をとって微分すれば確認でき

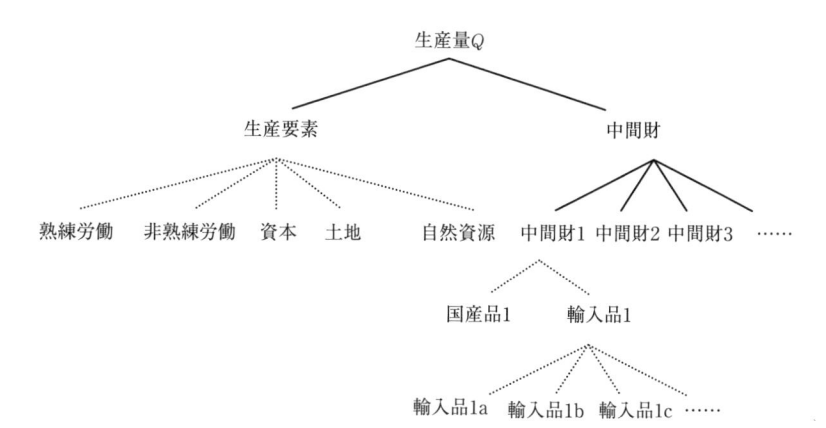

第8章　GTAPモデルおよびCGEモデルの解説

図1　GTAPモデルにおける生産関数の構造

```
                          生産量Q
                    ┌────────┴────────┐
                 生産要素              中間財
         ┌────┬───┼───┬────┐      ┌───┼───┬────┐
      熟練労働 非熟練労働 資本 土地 自然資源  中間財1 中間財2 中間財3 ……
                                      ┌───┴───┐
                                    国産品1  輸入品1
                                           ┌───┼───┐
                                        輸入品1a 輸入品1b 輸入品1c ……
```

る)。一方 α と β はカリブレーションと呼ばれる手法によって決定される。カリブレーションとは基準時のデータセットを再現できるように係数を調整する方法であり，既にデータが入手されている基準時の Q（生産量），L，K および σ の値を基に，式(19)，(20)のように α と β を一義的に決定するのである。

(17) $\quad Q = \alpha \left[\beta \cdot L^{\frac{\sigma-1}{\sigma}} + (1-\beta) \cdot K^{\frac{\sigma-1}{\sigma}} \right]^{\frac{\sigma}{\sigma-1}}$

(18) $\quad \dfrac{L}{K} = \left[\dfrac{r}{w} \cdot \dfrac{\beta}{(1-\beta)} \right]^{\sigma}$

(19) $\quad \beta = \dfrac{L^{\frac{1}{\sigma}}}{L^{\frac{1}{\sigma}} + K^{\frac{1}{\sigma}}}$

(20) $\quad \alpha = \dfrac{Q}{\left[\beta \cdot L^{\frac{\sigma-1}{\sigma}} + (1-\beta) \cdot K^{\frac{\sigma-1}{\sigma}} \right]^{\frac{\sigma}{\sigma-1}}}$

次に中間財の扱いであるが，中間財とは例えばパンを作るときに投入する小麦粉のようなもので，他の財の生産過程に投入される財（労働や資本など

の生産要素ではない）のことである。従って中間財の種類は最大で財の種類だけ存在し，GTAPの場合は中間財1から中間財57まで存在することになる。各中間財は実線で結ばれているから，レオンチェフ関数で定式化されており，代替性がゼロであることを意味する。つまり中間財の投入比率は固定されており，生産量 Q が決まれば価格に関係なく一義的に各中間財の投入量が決定され，その関係は，"中間財1の投入量＝中間財1の投入係数×生産量 Q" のような形で表される。そしてこの投入係数は，基準時の"中間財1の投入量"および"生産量 Q"のデータから決定（カリブレーション）されることになる。現実には，投入係数は時間と共に変化すると考えるのが自然であるし，中間財同士の間にも何らかの代替関係もしくは補完関係があるかもしれない。しかし中間財は種類が多いため，そのような現象を定式化できたとしても，その式で用いるパラメータの決定が困難であり，通常のCGE分析ではレオンチェフ関数で単純化することが多い[注18]。

3）貿易

　GTAPモデルの最大の特徴は複数の地域を同時に扱えることであるが，それを可能にする輸出入の扱い方を次に説明する。

　輸入の取り扱いはアーミントン仮定に基づいている。この仮定は国産品と輸入品の間に一定の代替の弾力性があるものと想定するものであり，両者の需要比率は先に見た労働と資本の関係同様，両者の価格比および代替の弾力性によって決定されることになる。モデルで輸入品は生産関数内の中間財，および各経済主体の消費財の中に含まれることになるが，アーミントン仮定の下では，それら中間財や消費財を輸入品と国産品からなるいわば合成財のようにみなし，価格比などに基づいてその内訳を決定していくことになる。ここでは中間財を例に，再び図1に沿ってその仕組みを説明する。

　まず図中"中間財1"の数量が既に決定されていると仮定しよう。この中間財は国産品と輸入品の合成財となっているから，次にその内訳，つまり"国産品1"と"輸入品1"の構成比を決定するわけだが，両者はCES関数

第8章　GTAPモデルおよびCGEモデルの解説

で結ばれているため，その構成比は価格比および代替の弾力性に依存することになる。例えば関税率を引き下げて輸入品の方が安くなれば，輸入品需要が国産品需要よりも相対的に増加するのである。次に，どこの地域の輸入品をどれだけ買うかという地域別の内訳（輸入財1a，1b，1c，…）を決定するわけだが，ここでもそれぞれの財はCES関数で結ばれているから，その内訳は価格比および代替の弾力性に沿って決定される。例えばタイからの輸入に対する関税率を引き下げたのであれば，タイからの輸入割合が増加し，他地域からの輸入割合は減少するであろう。このような二段階のCES関数を用いて輸入品の需要を導出するのである。

ここで用いられた二段階のCES関数内で用いられる代替の弾力性は，特にアーミントン係数と呼ばれており，貿易量を決定する重要な係数である。例えば野菜の国産品と輸入品のアーミントン係数が2，輸入品同士のそれが4であるとしよう。自由化によってA国からの野菜輸入価格が5％低下し，それによって輸入品全体の価格指数（各国の輸入価格を輸入額で加重平均して計算される）が1％低下したものすると，自由化前後で次の関係が成立している。まず国産品と輸入品全体を比べると，それらの数量比は約2％（アーミントン係数2×価格変化率1％）変化し輸入の割合が高まる。また全輸入量に占めるA国の割合はおよそ20％（アーミントン係数4×価格変化率5％）増加する[注19]。従ってアーミントンが大きいほど国産品と輸入品の間の代替関係が強いことになり，例えば関税率を引き下げた場合には輸入量の伸びが大きくなる。またこのようにCES関数を層状に配置した構造はGTAPをはじめとする多くのCGEモデルで用いられてものであり，層化型CES関数などと呼ばれている。

ここでは中間財1について説明したが，もちろん他の中間財でも同様の構造となっている。そして更にこれを需要関数にも適用することによって，消費財に輸入品を取り込むことが可能となる。1節(2)の例で言えば，式(11)，(12)の需要量 C_i を輸入品と国産品からなる合成財とみなし，次のステップで国産品と輸入品の内訳を，更に次のステップで輸入の地域別構成を決定して

いくのである。

　輸出については輸入と逆のロジックが適用されている。そのために用いられるのがCESによく似たCET（Constant Elasticity of Transformation）関数と呼ばれるものであり，この関数の下では，CES関数とは逆に相対的に価格の上昇した方の比率が高まる。これを使って第一段階で生産物を国内販売と輸出向けに振り分け，第二段階で地域別の輸出量を決定する。例えば国内価格が輸出価格よりも高くなれば，国内販売の比率が増えるといった具合に内訳が変化していくことになる。

4）国際間の資本移動

　近年のFTA交渉では財貿易の自由化だけでなく，直接・間接投資など国家間の資本移動の自由化についても議論されることが多いが，もちろんGTAPモデルでもそれを扱うことは可能である。

　その際のメカニズムは，資本の期待収益率が各地域で均等化するように，国家間を資本が移動するというものである。これはいわば国単位で投資先が選択されることを意味しており，産業ごとに投資先が選択される通常の直接投資のメカニズムを明示的に捉えているとは言い難い。しかしそれを明示的に扱おうとすれば国別・産業別の資本の収益率データが必要となるため，このような定式化に留まっているのである（堤・清田，2001）。

　資本移動のメカニズムを導入した場合，効用水準などには大きな影響が及ぶが（例えば自由化の場合，厚生水準の上昇度合いが大きくなる），産業別の生産量や貿易量にはさほど影響しないことが知られている（川﨑，1999，伴，2002）。また資本移動がある場合には当然資本収支が変化するため，それに伴って経常収支も変化するが，資本移動がない場合には，両収支は固定されてシミュレーションが行われることになる。

(2) 今後の課題

　最後にGTAPモデルの持つ問題点や今後の課題を取り挙げることにしよ

第8章　GTAPモデルおよびCGEモデルの解説

う。

　第一は，各国の政策が十分にカバーされていない点である。GTAPでは比例税を生産・分配・消費の各段階に課すことによって国内政策を表現しているが，例えば減反などの生産調整，コメのミニマムアクセスや価格支持政策など，比例税で表すことのできないものについては明示的に扱われておらず，財や地域特有の制度の描写が不完全なことが少なくない。ただしGTAPモデルが多くの地域や財を扱っている以上，そういった個々の制度の導入をGTAPの作成者達に求めることは事実上困難であろう。もしその政策や制度のモデル化が不可欠な場合には，GTAPモデルをユーザー自ら改良するか，別途CGEモデルを作成するほかない。

　第二の問題点はデータの質についてである。例えば関税率の値は一部現実と異なる場合がある。GTAPデータベースでは，日本のコメ関税率（従価税）は全ての地域に対して一律409％と設定されているが，現実には日本のコメ関税は従量税であるため，原価が安いほど関税率（従価税）に換算した値は大きくなる。例えばタイ米は，CIF価格が１kgあたり約28円（財務省，2002）であり，輸入時にはこれに１kgあたり341円の従量税がかかるため，関税率に換算すると341÷28＝1218％となるのである。同じく砂糖の関税もGTAPでは116％と設定されているが，タイの砂糖の場合，実際には240％程度となることがわかっている。既存の研究では多くの場合，財を集計しているためにこのような問題はあまり表面化していないが（例えばコメや砂糖を"農産物"などと集計してしまえば，関税率の妥当性を見極めることは困難となる），この点には十分注意して結果を解釈する必要があるだろう。関税率を引き下げるシミュレーションを行なう場合，GTAPの関税率が現実の関税率よりも大きな場合には，シミュレーション時に税率の下げ幅を小さくすることによって何とか対応できるが，逆の場合には現実に合わせようとすると，シミュレーションで負の関税率を与えることになってしまう。関税率の問題は時間と労力をかければ必ず改善できる問題である。今後のGTAPデータベースの精緻化に期待したい。

また各種パラメータにも改善の余地が残る。GTAPモデルにおいて外部から与えるべきパラメータとしてはアーミントン係数，生産関数における生産要素同士の代替の弾力性，需要関数内の弾力性などがある。GTAPでは先行研究の結果を用いて，これらの係数を決定しているが，財や地域が多すぎるためか個々のデータの質は悪く，多くの研究者からその問題点が指摘されている（Liu et al., 2003など）。例えばアーミントン係数は数通りしかない上に，全世界で一律同じ値に設定されている。タイ米も韓国のコメも全て同じ代替の弾力性なのである。可能ならば，最新の研究結果を用いてパラメータを改善していくべきであるし，それが不可能な場合には，感度分析によって対処していくべきであろう。

　最後に，これはGTAPモデルの結果を評価する際の注意点であるが，GTAPモデルによる分析では，経済厚生への影響を等価変分（Equivalent Variation）によって計測することが多い。そして貿易自由化を分析した場合などには多くの場合に等価変分が上昇するため，それをもって自由化は望ましいと結論付けられることも少なくない。新聞等で"FTAの経済効果は…兆円"などと書かれているのをよく目にするが，この値も等価変分の値を引用したものである。しかしこの指標は，消費者の効用関数をベースにしており，生産者の行動や外部性などが全く考慮されていない。例えばFTAによって現実には短期的に失業が発生するとしても，GTAPモデルではほとんどの場合，生産要素の完全な移動性を仮定している（つまり長期均衡を考えている）ために，このような負の影響は等価変分に反映されないのである。また農業の多面的機能などの外部性を考慮すれば，FTAによって農業生産が減少した場合，これは経済厚生を引き下げることになるかもしれない。しかしこれもまた等価変分には反映されないのである。このようなコスト，負の影響を無視した等価変分によって政策の是非を議論することには十分な注意が必要であろう。また，FTAの効果は一国の中でも産業や消費者ごとに異なっており，その意味でも集計された指数である等価変分に頼りすぎることは危険であろう。

4．むすび

　CGEモデルは依然発展途上であり，GTAPモデルにも問題点は少なくない。しかしBox（1979）が"All models are wrong, but some are useful"と述べたように，そもそも欠点のないモデルを作ることなど不可能である。大切なのはメリットとデメリットのバランスであり，十分なメリットが認められるのであれば，デメリットもしっかりと把握した上で利用すればよいのである。そしてそのバランスに対する評価は分析の目的によっても変わってくる。迅速さが求められる実務的な研究を行う場合，おそらくGTAPモデルは，CGEモデル的構造を持っていること，比較的容易にシミュレーションが行なえること，広範囲に地域や財をカバーしていること，などの点でデメリットを補って余りあるメリットを有することだろう。一方アカデミックな研究を行う場合，標準的なGTAPモデルをただ用いるだけではオリジナリティーという意味で物足りないかもしれないが，GTAPモデルに改良を加えて新たなシミュレーション手法を提示する，GTAPの豊富なデータベースを他の分析に活用する，研究のメインは理論分析であるが，それを実証的に補完するためにGTAPを用いる，GTAPモデルによってCGEモデルに慣れた上で自らCGEモデルを作成する，などといった利用方法もあるだろう。
　本稿が読者のCGEモデルやGTAPモデル理解の一助になり，それらへの興味を持たせることができたとすれば幸いである。

注：参考文献は次章末に記してある。

（注1）中島（2001），（2002），（2003），堤（2000），堤・清田（2001），（2002），藤川・渡邉（2003），Kawasaki（2003）など。
（注2）GTAPについてはHertel（1996），川﨑（1999），CGEモデルについてはDervis et al.（1982），Shoven and Whalley（1992），Ginsburgh and Keyzer（2002），市岡（1991）などを参照されたい。

(注3) GTAPモデルがある特定のCGEモデルを表すいわば固有名詞であるのに対し，CGEモデルとは分析の手法を表す普通名詞である。
(注4) AGE（Applied General Equilibrium：応用一般均衡）モデルとも呼ばれる。
(注5) 貿易政策を分析した初期の研究例としてSrinivasan and Whalley（1986），炭素税を分析したTimilsina and Shrestha（2002），各種政策の森林伐採への影響を分析したCattaneo（2001），外国人労働者の最適な受け入れ人数を分析したGoto（1998），技術進歩の影響を調べたWeyerbrock（2001），日本農業への応用例としては齋藤（1996），GTAPモデルによる分析例としてはWang（1997），Blake et al.（1999）などが挙げられる。
(注6) 一部の財や生産要素だけを扱うモデルは部分均衡（Partial Equilibrium）モデルと呼ばれる。また，CGEモデルの中には金融部門を取り込むことによって更なる"一般"化を試みたものもある（Naastepad, 2002など）。
(注7) 一次同次の生産関数を，$y = f(x_1, x_2, ... x_i)$，y，x_iの価格をp，w_iとすれば，オイラーの定理より
$$1 \cdot y = f_1 x_1 + f_2 x_2 + ... f_n x_n \quad (ただし，\ f_i = \frac{\partial f}{\partial x_i})$$
$$\therefore py = \sum_i p f_i x_i = \sum_i w_i x_i \quad (利潤最大化の一階条件から，pf_i = w_i である。)$$
$$\therefore \pi \equiv py - \sum_i w_i x_i = 0$$

(注8) 従ってニュメレールに設定した賃金の変化については計算することはできない。またこの場合，他の価格変数の変化は絶対的な変化ではなく，ニュメレールから見た相対的な変化を示していることになる。
(注9) もちろん産業間の賃金格差を扱っているCGEモデルも多数ある。
(注10) 労働や資本の産業間の移動を制限したり，価格を固定することによって，近似的に短期的影響を測る方法もある。
(注11) SAMについてはPyatt（1988）などを参照されたい。
(注12) 例えば日本におけるタイ米とジャポニカ米の代替の弾力性（アーミントン係数）を計ろうとしても，過去に十分な輸入実績がないためにデータが不十分である。
(注13) 市岡（1991）などを参照のこと。
(注14) Harrison et al（2000）では，様々なタイプの動学的CGEモデルが扱われており，動学モデルの概要を掴むのには最適であろう。
(注15) Barro and Sala-i-Martin（1995）などを参照。
(注16) Bertrand Oligopolyモデルでは，ライバル企業の価格は変化しないものの，全体的な価格水準は自らの価格付けから影響を受ける。Monopolistic Competitionモデルでは企業が多数存在し，各企業の市場シェアが非常に小さ

第 8 章　GTAPモデルおよびCGEモデルの解説

いため，全体的な価格水準さえも自らの価格設定から独立である。
(注17)　2005年3月現在で最新のバージョン6では地域分類が87地域へと更に細分化されている。
(注18)　もちろん分析によっては中間財同士の代替関係を認める例もあり，例えば川崎（2003）では中間財のうち，薪と化石燃料間や，化学肥料と牛糞間の代替関係を考慮したCGEモデルによってインドにおける粗放化と集約化を議論している。
(注19)　厳密に言うと，q_r, p_rをr国からの輸入量変化率と輸入価格変化率，q, pを全地域合計の輸入量変化率とそれに係わる価格指数変化率，σを輸入品同士のアーミントン係数とした場合，$q_r - q = -\sigma(p_r - p)$という関係が成立している。従って，$\sigma = 4$, $p_r = -0.05$, $p = -0.01$を代入すれば，全輸入に占めるA国シェアの変化率$(q_r - q)$は16％増と計算できる。

第9章 GTAPモデルによる
日タイFTAおよび日韓FTAの分析

川崎賢太郎

1．はじめに

　本章の目的は，日タイFTAおよび日韓FTAの影響を，応用一般均衡モデルの一種であるGTAPを用いて生産・貿易・労働など様々な角度から分析することにある。GTAPモデルによる我が国を対象としたFTAの分析は既に数多くあり[注1]，それらの研究では主に全品目を自由化した場合を分析している。しかし実際のFTA交渉では農産物が重要な焦点となっており，いわゆるセンシティブ品目の扱いを巡って激しい議論が行なわれている。本稿の第一の特徴はこれを勘案し，センシティブ品目の除外の有無による違いを比較した点にある。第二の特徴は，貿易量の変化を決定付ける重要なパラメータ，"アーミントン係数"に関して感度分析を行なった点である。この係数は結果に大きな影響力を持つにも関わらず，その値を特定することが困難であるため，感度分析によって結果の幅を示すことが不可欠である。

2．FTAに関する理論

　分析を行なう前に，まずFTAの効果を理論的に整理しておこう。FTAの

経済理論については大きく分けて，伝統的な関税撤廃効果（静学的効果），生産性向上と資本蓄積による経済成長への影響（動学的効果）を中心に発展してきている。

　FTAに伴う域内国間の貿易障壁撤廃は，域内で取り引きされる財・サービスの価格の変化を通じて，域内・域外との貿易量や経済厚生をそれぞれ変化させる。そしてその効果を考えるにあたっては，ヴァイナーによる関税同盟の議論が有効である（Viner, 1950）。関税同盟とは域内においては貿易障壁を撤廃し，域外に対しては共通の貿易規則を持つ経済統合組織であり，近年のEUなどはその一例であるが，ヴァイナーによればそれには2つの相反する効果が存在するとされる。

　一つは貿易創出効果と呼ばれるものであり，域内障壁の削減に伴い従来から行われていた域内貿易が更に拡大することによって，輸入国の消費者は同じ輸入財・サービスをより安く消費することができ，輸出国の生産者も輸出の拡大による利益を得ることができるため，域内国の経済厚生を上昇させるものである。

　今ひとつは貿易転換効果と呼ばれるものであり，本来競争力のある域外からの輸入が域内の生産によって代替され，資源の効率的な配分が阻害されることによって，厚生にマイナスの効果を与えるものである。この効果が強い場合には，域内国の厚生が減少する場合もありうる。例えば極端な場合，輸入国の消費者が支払う価格は不変で，輸入国は単に関税収入を失うだけという状況が生じ，このときには当然関税収入分だけ輸入国の厚生は減少するのである。

　一方，域外の厚生についても，経済統合によって域内の所得が大きく拡大し，域内からの輸入需要が高まることによって，域外にプラスの影響を与える貿易創出効果と，域内同士の貿易が活発化し，域外国の輸出機会が奪われてしまうというマイナスの効果を持つ貿易転換効果の大小関係によって決まることになるため，理論的に一定の結論を出すことはできない。

第9章　GTAPモデルによる日タイFTAおよび日韓FTAの分析

このようにFTAによって厚生上好ましい結果を生むか否かは，域内国にとっても域外国にとっても貿易創出効果と貿易転換効果の大小にかかっており，一義的には判断できないのである。

以上の議論は静学的な資源配分を分析したものであり，静学的効果と呼ばれるものであるが，貿易論の分野ではその後経済統合による動学的な側面が注目され始めた。例えばバラッサによれば，経済統合は規模の経済，競争促進効果を生むために効率的生産が可能になり，経済集積や技術進歩・資本蓄積などにもプラスに作用するとされている（バラッサ，1963）。こうした動学的効果を扱う研究は，理論分析ではもちろん，定量的な分析においても増えつつある。しかしながら前章でも述べたように動学モデルの正確な定式化は非常に困難であり，しかも定式化次第で大きく結果を左右するものであるため，モデルの頑強さ・信頼性という意味では必ずしも動学モデルが静学モデルよりも優れているわけではない。そのため政策評価が目的の場合には，近年でも静学的なCGEモデルを使った貿易政策の研究例は依然多く，本稿でも動学的効果は扱わず静学的効果のみに着目して分析を行なうことにする。

3．分析手法

本稿ではGTAPモデルを用いて日タイFTAおよび日韓FTAの影響を分析する。詳細については前章の解説編を参照していただきたいが，GTAPとはGlobal Trade Analysis Projectの略であり，貿易政策をはじめとする様々な政策のシミュレーションを行うことを目的に，アメリカのパーデュ大学のハーテル教授を中心にして作成されたCGE（Computable General Equilibrium: 計算可能な一般均衡）モデルの一種である。CGEモデルとは，市場における需給調整を全ての財・サービス，生産要素市場について設定し，これら複数の市場均衡を同時に扱うものである。企業や家計などの経済主体

の需要・供給行動についても，ミクロ経済学理論を基礎に，それぞれの最適化行動に基づいて決まる形となっている。これを用いることで，経済政策の変更などによって家計・企業など各経済主体の行動にどのような変化が起き，政策変更の前後で資源配分・所得配分・経済厚生にどのような変化が及ぼされるのかを分析・評価することができる。

(1) データ

本研究ではGTAPのデータベースVersion5を用いる。Version5では66地域57部門の1997年におけるデータが収録されている。本稿ではこれを表1のように19地域，9部門に集計して分析を行なう（集計方法については付表1を参照のこと）。

何をもってセンシティブ品目とするかについては，日タイFTAと日韓FTAとではそれぞれ異なる設定をし，それに伴い，加工食品や畜産物の分類も異なっている。日タイFTAの場合は精米，砂糖，鶏肉を，日韓FTAの場合は精米，生乳，乳製品，豚肉をそれぞれセンシティブ品目した。現実には，日タイFTAにおいてはでんぷんもセンシティブ品目とされているが，GTAPデータベースではでんぷんを"その他食料品"として扱っており個別に扱うことができないため，本稿ではこれをセンシティブ品目に含めなかった。また，第二次産業に属する各部門は，労働集約的産業と資本集約的産業に分けるものとし，日本のデータを基準にそれぞれの付加価値額合計が同程度となるよう集計した。また本稿での"畜産物"は生きた家畜や生乳を意味

表1　地域分類と部門分類

	地域				部門
1	中国	11	ベトナム	1	農産物
2	香港	12	オセアニア	2	畜産物
3	日本	13	南アジア	3	林業
4	韓国	14	カナダ	4	漁業
5	台湾	15	アメリカ	5	加工食品
6	インドネシア	16	メキシコ	6	センシティブ品目
7	マレーシア	17	中南米	7	二次産業(労働集約的)
8	フィリピン	18	ヨーロッパ	8	二次産業(資本集約的)
9	シンガポール	19	その他	9	三次産業
10	タイ				

第9章　GTAPモデルによる日タイFTAおよび日韓FTAの分析

し，加工された肉製品や乳製品は"加工食品"ないし"センシティブ品目"に含まれる。そして"林業"は丸太などの原料だけでなく木製品などの加工品も含んだものである。

　GTAPデータベースにおける生産額，輸出入額，関税率等の基準時のデータは付表2を参照されたい。輸出補助金については，3国とも概ねゼロとなっている。

(2)　シミュレーション内容

　本稿では日タイFTAおよび日韓FTAのシミュレーションをそれぞれ4シナリオずつ行なう。ここでその内容について説明しよう。

　自由化を行なう品目に関しては，全品目自由化ケース（ALLケース：二国間の輸入関税および輸出補助金を全て撤廃）とセンシティブ品目除外ケース（SENケース：二国間の輸出補助金およびタイが日本から輸入する際の輸入関税を全品目で撤廃。日本がタイから輸入する際の関税については，センシティブを除く全品目で撤廃）の2通りを想定する。

　アーミントン係数については，GTAPデータベースにおける値をそのまま用いた場合（標準ケース）と，全地域・全品目で2倍にした場合（2倍ケース）という2通りの仮定を設ける。前章でも説明したようにアーミントン係数とは国産品と輸入品の代替の弾力性，すなわち製品差別化の程度を示しており，分析結果を大きく左右する重要な係数である。もしくは財の輸出入が価格変化に敏感に反応するか否かという意味で，市場の完全性を示した指標とも見なすことができる。GTAPのデータベースでは，各農林水産物に対して概ね2～3程度の値を設定しているが，一般にGTAPのアーミントン係数は過小ではないかとも言われている。もしそうだとすれば国内農業への打撃を過小評価することになってしまう。特に砂糖や畜産物など品質面での差異が小さい財ほど，国産と外国産の代替性も高いはずである。また現在タイでは，一部でジャポニカ米が作られるという動きがあり，もしコメも自由化対象に含んだFTAを日本と締結すれば，このような動きは更に加速されるこ

表2　シナリオ一覧

シナリオ名	自由化対象	アーミントン係数
ALL1	全品目	標準
ALL2	全品目	2倍
SEN1	センシティブ品目を除く全品目	標準
SEN2	センシティブ品目を除く全品目	2倍

とになるであろう。つまりタイ産のコメは，現在はまだ品質的な差異が大きいために日本のコメとの代替性は低いかもしれないが，FTA締結を機にタイでジャポニカ米の生産が普及すれば，代替性は飛躍的に増加するであろう。残念ながら，アーミントン係数は計量経済学的な手法による計測が難しく，直接的なデータの改善は難しい。そこで本稿ではこのような問題に対し，標準ケースと2倍ケースという感度分析によって，結果の幅を示すことで対処する。GTAPデータベースではアーミントン係数は財ごとにおよそ2.0～3.5の値に設定されているため，これを2倍すれば4.0～7.0程度となる。アーミントン係数を扱った既存の研究では，その値が10を越えることはほとんどないため，2倍ケースは上限値として妥当な倍率と判断した。

　以上まとめるとシミュレーション内容は，全品目自由化ケース（ALL）とセンシティブ品目除外ケース（SEN）の2通りを，アーミントン係数が標準的な場合と2倍の場合とでそれぞれ計算するため，計4通りとなる（表2参照）。

　また計算の際には労働や資本など生産要素の賦存量を固定し，生産要素はいずれかの産業に必ず用いられ（完全雇用），失業などは存在しないものと仮定した。国際的な資本移動も生じず[注2]，資本収支および経常収支も固定されている。これらの仮定はGTAPモデルによる分析においては標準的に用いられているものである。

(3)　結果の解釈方法

　GTAPモデルでは比較静学と呼ばれる手法を採っている。これは，ある均

衡状態下の経済に対して政策ショックを与えた場合，長期的にどのような均衡状態に移行するのかを分析するものである。分析結果はFTAを行わない場合からの乖離を示すものであり，例えばGDP5％増という結果が得られた場合，それは"FTAを行なわない場合に比べてGDPは長期的に5％増加する"ことを意味する。これはあくまで（労働の移動や価格の調整などが済んだ）長期的な均衡状態での値であるから，そこに達するまでの短期的な経路について何ら解答を与えるものではない[注3]。

4．結果：日タイFTA

(1) GDPへの影響

日タイFTAの影響を実質GDPから見ていこう。単位は基準時からの変化率である。

日本のGDP増加率は全品目自由化のALLケースでは0.00～01％（前の数値がアーミントン係数標準ケース，後者が2倍ケースのときの結果。以下同様），

表3　実質GDPの変化

(単位：％変化)

	ALL1	ALL2	SEN1	SEN2
中国	−0.02	−0.03	−0.01	−0.03
香港	0.00	0.00	0.00	0.00
日本	**0.00**	**0.01**	**−0.01**	**−0.03**
韓国	−0.01	−0.03	−0.01	−0.03
台湾	−0.01	−0.02	−0.01	−0.02
インドネシア	−0.01	−0.01	−0.01	−0.01
マレーシア	−0.05	−0.09	−0.04	−0.07
フィリピン	−0.02	−0.05	−0.02	−0.04
シンガポール	−0.03	−0.04	−0.03	−0.05
タイ	**0.35**	**1.07**	**0.39**	**1.34**
ベトナム	−0.02	−0.02	−0.01	−0.02
オセアニア	0.00	0.00	0.00	0.00
南アジア	−0.01	−0.01	0.00	−0.01
カナダ	0.00	0.00	0.00	0.00
アメリカ	0.00	0.00	0.00	0.00
メキシコ	0.00	0.00	0.00	0.00
中南米	0.00	0.00	0.00	0.00
ヨーロッパ	0.00	0.00	0.00	0.00
その他	0.00	0.00	0.00	0.00
合計	−0.0006	0.0034	−0.0005	−0.0011

センシティブ品目を除いたSENケースでは−0.01〜−0.03％となっており，いずれのケースでもGDPへの影響はほとんどないが，センシティブ品目を除くとGDPにやや減少圧力が生じることがわかる。これは4節(3)で見るように，ALLケースでは多くの財が値下がりするのに対し，SENケースではそれが生じないことが要因である。実質GDPの変化率は名目GDPの変化率から物価上昇率を引いたものであるから，物価上昇率が大きいSENケースではその分実質GDPの変化も過小に現れるのである。名目GDPの変化率は，ALLケースでは0.25〜0.18％，SENケースでは0.36〜0.26％である。

タイのGDP増加率はALLケースでは0.35〜1.07％，SENケースでは0.39〜1.34％となっており，いずれのケースでもGDPは増加している。またセンシティブ品目の除外によってGDPが若干上方にシフトしているが，これもまた物価水準の変化が要因であろう。4節(4)で見るように，SENケースでは物価上昇率が小さいため，その分実質GDPの変化も過大に現れるのである。

日タイ以外の地域については，負の影響を受けている地域はあるが，正の影響を受けている地域はない。マレーシア，フィリピン，シンガポールなどでは特に減少率が大きく，いわゆる貿易転換効果が強く見られる。全世界合計のGDP変化率を見ると若干ではあるがマイナスとなっているケースが多い。

(2) 日タイ貿易への影響

表4はタイとの輸出入額の変化率を，図1，図2は輸出入額の変化額を示したものである。輸出入量の変化率は輸出入額の変化率とほぼ同じ結果となっているので，ここでは掲載を省く。

まずALLケースでのタイからの輸入額は，センシティブ品目が600％〜1200％，加工食品が200〜600％と大幅に増加しており，また変化額で見ても9財中最も大きな変化を示している。それ以外では漁業や資本集約的な第二次産業などで増加率が大きい。表には掲載していないがタイ以外の地域から

第9章　GTAPモデルによる日タイFTAおよび日韓FTAの分析

表4　日タイ貿易の変化

	輸入額					輸出額				
	基準時	ALL1	ALL2	SEN1	SEN2	基準時	ALL1	ALL2	SEN1	SEN2
	(百万ドル)	(%変化)	(%変化)	(%変化)	(%変化)	(百万ドル)	(%変化)	(%変化)	(%変化)	(%変化)
農産物	184.6	40	−13	147	232	6.9	623	6772	461	3599
畜産物	14.9	−33	−59	4	−35	5.0	247	1310	172	765
林業	565.0	2	4	3	0	111.5	143	454	140	459
漁業	21.8	20	37	19	13	1.4	423	2286	425	2618
加工食品	2110.5	220	595	293	1007	116.7	495	2655	452	2355
センシティブ品目	1350.6	595	1177	−13	−45	1.0	419	3921	283	1686
二次産業(労働集約的)	3993.2	2	5	4	5	6257.7	65	152	64	150
二次産業(資本集約的)	2802.8	32	91	33	83	8219.1	136	277	134	275
三次産業	1207.0	−2	−6	0	−5	470.2	0	0	−2	−2
合計	12250.3					15189.6				

注：1）輸入とは日本のタイからの輸入を，輸出とは日本からタイへの輸出を意味する。
　　2）輸入額はCIFベース，輸出額はFOBベースである。

の輸入量は，多くの財・地域において減少する。その減少率は地域やシナリオによっても異なるが，概ねセンシティブ品目は50〜80％，加工食品は6〜20％と大きく減少する。

　一方日本からタイへの輸出額については，増加額で見れば第二次産業とは比較にならないが(注4)，多くの食品産業でも大きく増加していることは注目に値する（図2，表4）。タイにおいても日本の農産物に対する輸入関税がかかっているため，これが撤廃されれば日本からの輸出も増加し，日タイFTAは双方向の農産物貿易を拡大する効果を持っていると言える。近年アジアを中心に，高品質な日本の農産物へのニーズが高まっており，2003年度からは日本農政においても輸出促進への政策転換が見られ，関連予算も大幅に増大している。そのような意味でも農産物の輸出増というシミュレーション結果は興味深いものである。

　SENケースでは，センシティブ品目が自由化対象から外されるため，その輸入額はALLケースのように大幅に増加することはなく，むしろ13〜45％の減少となっている。このように関税率不変にもかかわらず輸入額が減少しているのは，関税率が撤廃されて相対的に割安になった他の財へと需要が代替したためと考えられる。ALLケースにおいても，自由化しているのにも

図1　タイからの輸入額

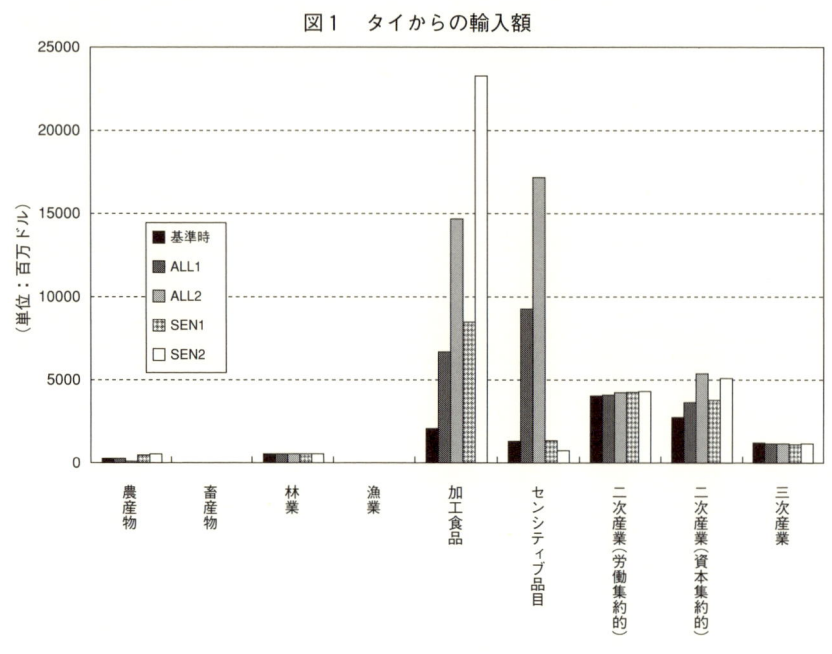

(単位：百万ドル)

凡例：
- 基準時
- ALL1
- ALL2
- SEN1
- SEN2

横軸：農産物、畜産物、林業、漁業、加工食品、センシティブ品目、二次産業（労働集約的）、二次産業（資本集約的）、三次産業

図2　タイへの輸出額

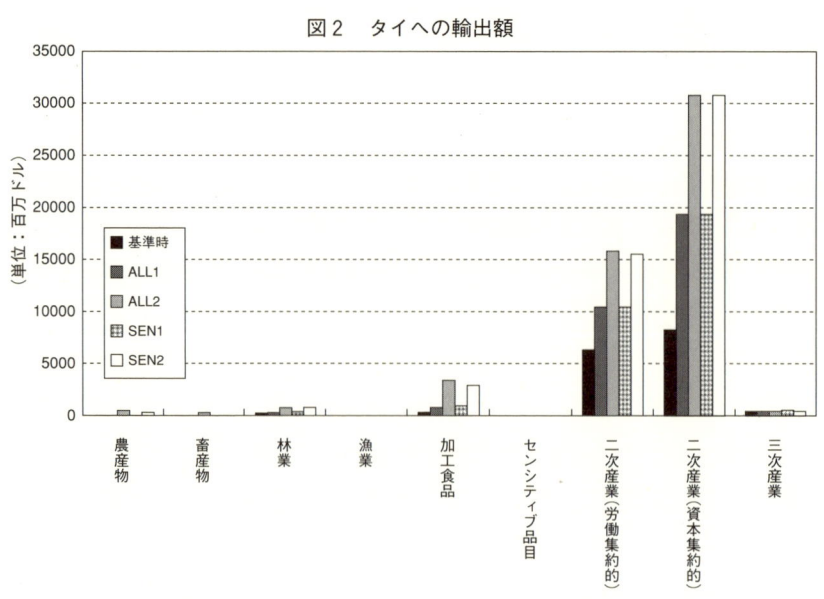

(単位：百万ドル)

凡例：
- 基準時
- ALL1
- ALL2
- SEN1
- SEN2

横軸：農産物、畜産物、林業、漁業、加工食品、センシティブ品目、二次産業（労働集約的）、二次産業（資本集約的）、三次産業

第9章　GTAPモデルによる日タイFTAおよび日韓FTAの分析

関わらず輸入が減少している財があるが，これも同様の代替効果によるものであろう。基準時の関税が非常に低いため，自由化後には相対的に割高になり需要が減少したのである。

　一方，センシティブ品目以外の輸入額はALLケースよりも増加幅が拡大しているものが多い。中でも農産物および加工食品は，ALLケースでそれぞれ40～－13％，200～600％増だったものが，SENケースでは150～230％，300～1000％増と大きく拡大しており，加工食品の輸入額はセンシティブ品目を超えて最大の項目になっている（図1）。このようにセンシティブ品目の除外は，センシティブ品目の輸入を減らすことはできるが，一方でその他の食料品輸入を拡大させる働きを持つ。そしてこれは後に見るように生産量の変化にも大きな影響を及ぼすことになる。

　SENケースでの輸出額については，農産物およびセンシティブ品目で若干ALLケースよりも増加率が小さくなっているが，その他の部門ではほとんどALLケースと変わらず，第二次産業の輸出もほとんど影響を受けていない。つまりセンシティブ品目の除外は日本からタイへの輸出にはほとんど影響しないと考えてよいだろう。

(3)　日本における部門別の影響

　表5は日本における価格(注5)と数量の変化率を示したものである。ただしここでの輸出入はタイだけでなく全世界との貿易合計量を指す。

　まずALLケースから見ていく。加工食品，センシティブ品目は輸出入共に大きく増加するが，輸入のほうが大きいため，生産量は減少している。中でもセンシティブ品目はその名が示す通り国内生産への影響が9部門中最も大きく，4.5～12.8％程度減産している。

　農産物の生産量は，輸入減かつ輸出増にも関わらず減少しているが，これは国内向けの販売量が減少したことが原因である。農産物は主に加工食品やセンシティブ品目の生産工程に原料として中間投入されるが，タイから安価な加工食品やセンシティブ品目の輸入が急増したことによって国内生産が落

表5　日本における部門別の変化

(単位:％変化)

	市場価格				生産量			
	ALL1	ALL2	SEN1	SEN2	ALL1	ALL2	SEN1	SEN2
農産物	−0.4	−1.1	0.2	0.2	−1.3	−2.7	−0.2	−0.2
畜産物	−0.2	−0.7	0.2	0.1	−0.1	0.1	−0.4	−1.4
林業	0.3	0.3	0.4	0.4	−0.1	0.0	−0.1	0.0
漁業	0.2	0.2	0.2	−0.1	−0.2	−0.3	−0.4	−1.0
加工食品	−0.1	−0.3	0.1	−0.1	−0.3	−0.4	−0.6	−1.9
センシティブ品目	−0.5	−1.1	0.2	0.1	−4.5	−12.8	0.1	0.3
二次産業(労働集約的)	0.3	0.3	0.3	0.3	0.1	0.4	0.1	0.4
二次産業(資本集約的)	0.3	0.3	0.4	0.3	0.5	1.1	0.4	1.0
三次産業	0.3	0.3	0.4	0.4	0.0	0.0	0.0	−0.1
	輸入量				輸出量			
	ALL1	ALL2	SEN1	SEN2	ALL1	ALL2	SEN1	SEN2
農産物	−0.5	−3.1	0.7	0.3	20.2	198.7	−0.2	99.0
畜産物	−1.0	−3.3	0.2	−0.2	11.0	59.7	−1.2	29.8
林業	0.8	1.6	0.8	1.5	3.1	11.7	−0.8	11.8
漁業	0.7	1.4	0.5	−0.4	4.8	30.0	15.1	37.5
加工食品	6.8	18.7	9.7	34.2	21.4	115.0	−4.5	99.9
センシティブ品目	36.6	83.2	−0.1	−0.9	10.9	59.7	−0.1	21.0
二次産業(労働集約的)	0.9	1.8	0.9	1.8	0.8	2.4	−1.4	2.2
二次産業(資本集約的)	1.7	3.6	1.8	3.6	2.3	4.7	5.8	4.5
三次産業	0.7	1.4	0.9	1.5	−1.2	−2.1	−1.7	−2.4

ち込み，農産物の中間投入，すなわち国内販売分も減少したのである。

　また林業，漁業および畜産物の生産量は若干減少するものの，その幅はさほど大きなものではない。二次産業は労働集約的・資本集約的どちらの部門でも増産しているが，資本集約的な部門の方が増加率は大きく，最大で1.1％程度の伸びとなる。

　次にSENケースであるが，自由化対象から除外したセンシティブ品目の輸入量は基準時よりも減少し，その他の輸入は逆にALLケース以上に増加している。これは先にも述べた代替効果によるものであり，自由化しないセンシティブ品目は相対的に割高になるために需要が減少，逆に自由化された財は相対的に割安になるために需要が増大するのである。このためセンシティブ品目生産量の減少は免れるものの，加工食品生産量の減少率はALLケースで0.3～0.4％だったものが，SENケースでは0.6～1.9％へと拡大している。畜産物や漁業でも同じく生産量の減少幅は拡大しており，センシティブ品目の除外によって他品目が犠牲を強いられている様子が見受けられる。ただし

農産物では生産量減少幅が逆に縮小している。農産物の多くはセンシティブ品目の生産に中間投入されているため，センシティブ品目の生産量が維持されたことがその原因であろう。第二次産業の場合，労働集約的な部門の生産はALLケースとまったく変わらず，資本集約的な部門の生産もALLケースよりも0.1％ポイントほど落ち込む程度であり，センシティブ品目を除外しても二次産業の生産は大きな影響を受けないことがわかる。

価格については，ALLケースでは下落しているものがいくつか見られるが，SENケースではほとんどの財で上昇傾向を示している。つまり全品目を自由化した場合，いくつかの財でいわばデフレ圧力が生じるのに対し，センシティブ品目を除外した場合には，その圧力が軽減されると言える。

輸出量については，ほとんどの財でALLケースよりも変化が下方にシフトし，輸出が抑制されている。前節で見たようにセンシティブ品目を除外しても，タイへの輸出はほとんど不変であったから，これはタイ以外の地域への輸出減に起因していることになる。既に見たようにALLケースではいくつかの財で価格が下落したため，タイ以外への輸出も促進されたのだが，SENケースでは価格が上昇圧力を受けたため，その輸出が抑制されたのである。

部門ごとの労働需要の変化率は，生産量の変化率にほぼ比例する。例えばALLケースにおけるセンシティブ品目の生産量は前節で見たように4.5〜12.8％減少であるので，同部門の労働需要の変化率もそれとほぼ同じ大きさとなる。そこで本節では単位を変えて，日本における全部門の労働量合計，すなわち国内の労働賦存量を100とした場合の，各部門における労働需要の変化量を図3に示す[注6]。例えばALL1の農産物は−0.02と示されているが，これは日本全国の労働力のうち約0.02％にあたる労働力が同部門から放出されたことを意味する。

図からは，いずれのケースにおいても第二次産業に向かって，その他の部門から労働が流入していることがわかる。ALLケースの場合，特に流入量が大きいのは労働集約的な第二次産業であり，逆に流出量が大きいのは第三

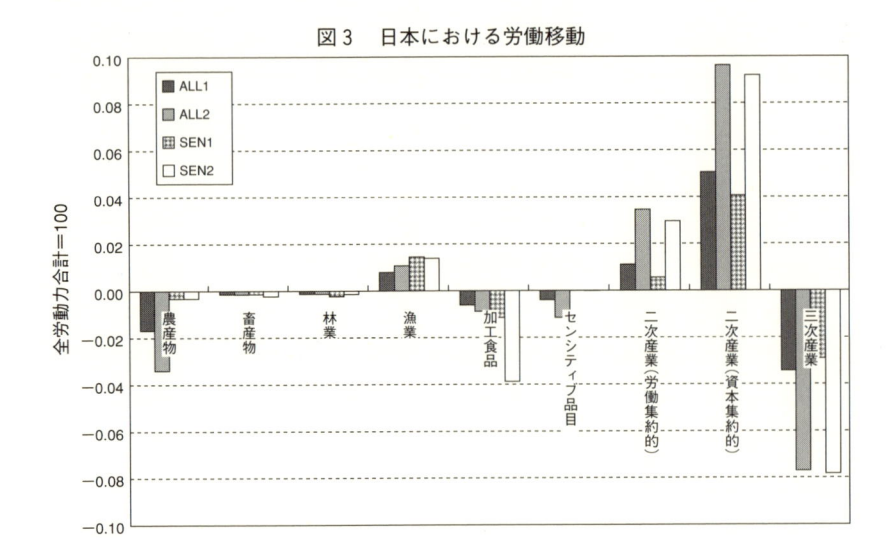

図3　日本における労働移動

(グラフ: 縦軸「全労働力合計＝100」、凡例 ALL1, ALL2, SEN1, SEN2。部門：農産物、畜産物、林業、漁業、加工食品、センシティブ品目、二次産業(労働集約的)、二次産業(資本集約的)、三次産業)

次産業，農産物，センシティブ品目，加工食品などである。一方SENケースでは傾向が若干変わり，農産物とセンシティブ品目からの労働流出はかなり抑えられるが，逆に加工食品からの労働流出が大きく増加していることがわかる（特にSEN2ケース）。これはもちろん，先に見たように加工食品の生産量減少幅の拡大が原因である。

　部門間を移動する労働量を合計すると，ALLケースの場合は全労働力の0.06〜0.13％となるが，SENケースの場合は0.05〜0.12％へと若干低下する。現実には急激な労働移動がスムーズに進行するとは考えにくく，一時的に失業の増大を招くことも考えられるが，センシティブ品目の除外はそういった摩擦を軽減する働きを持っており，そのような意味で意義のある選択肢と言えよう。

(4) タイおよびその他地域への影響

　表6にタイの部門別の変化を示す。全体的に日本に比べて変化が激しく，100％以上の変化率となっている項目も少なくない。
　ALLケースから見ていくと，輸出については加工食品とセンシティブ品

第9章　GTAPモデルによる日タイFTAおよび日韓FTAの分析

表6　タイにおける部門別の影響

(単位：％変化)

	市場価格				生産量			
	ALL1	ALL2	SEN1	SEN2	ALL1	ALL2	SEN1	SEN2
農産物	32.7	52.7	8.6	17.6	6.1	7.8	− 0.7	− 5.3
畜産物	23.8	37.9	6.4	13.0	1.9	6.3	16.0	52.4
林業	0.7	0.7	0.6	1.3	− 0.3	− 1.0	− 0.7	− 2.4
漁業	1.4	1.9	1.6	4.2	2.5	6.1	6.7	20.3
加工食品	7.8	11.3	2.2	4.3	10.2	26.6	23.4	77.2
センシティブ品目	20.5	32.6	5.5	11.2	42.6	86.9	− 5.3	− 16.3
二次産業(労働集約的)	0.1	0.0	− 0.3	0.0	− 1.9	− 4.8	− 0.8	− 4.7
二次産業(資本集約的)	− 1.0	− 1.7	− 1.1	− 1.3	− 4.9	− 8.9	− 4.7	− 12.6
三次産業	0.9	1.0	0.4	0.9	0.3	0.7	0.2	0.6

	輸入量				輸出量			
	ALL1	ALL2	SEN1	SEN2	ALL1	ALL2	SEN1	SEN2
農産物	39.8	174.1	11.5	61.8	− 55.7	− 91.0	− 3.9	− 32.2
畜産物	38.5	124.2	11.1	48.2	− 64.4	− 95.8	− 8.5	− 67.3
林業	6.9	20.7	5.7	21.7	− 1.8	− 3.4	− 35.7	− 8.2
漁業	12.4	60.2	12.7	79.9	− 4.3	− 11.7	− 5.0	− 27.0
加工食品	28.1	121.5	19.8	99.1	43.6	131.1	69.3	276.7
センシティブ品目	51.8	270.6	15.4	79.0	97.0	198.6	− 1.2	− 53.3
二次産業(労働集約的)	3.6	8.5	3.2	7.6	− 0.1	− 0.2	21.1	0.3
二次産業(資本集約的)	21.4	50.3	20.4	49.5	10.3	34.4	− 12.2	28.0
三次産業	2.1	5.6	0.3	4.0	− 3.3	− 7.5	− 21.9	− 6.7

目，資本集約的な二次産業で大きく増加しているものの，その他の輸出は減少しており，特に農産物や畜産物に至っては6割から9割も減少している。このように輸出が大きく減少しているのは，価格上昇（2割〜5割増）の影響で日本以外への輸出が大きく減少したためである。日本に対しては関税率引き下げの効果が大きいために，既に見たように輸出は増加する。

　輸入量は農産物，畜産物，加工食品，センシティブ品目，資本集約的な二次産業などで数十％単位の増加を示している(注7)。この輸入増加は，日本からのものと日本以外からのものとに分けられるが，農産物，畜産物，加工食品，センシティブ品目については後者の影響が比較的強い。何故ならばこれらの財はタイ国産の価格が数十％単位で上昇したため，日本だけでなく外国産であればどこの地域から輸入しても割安となるからである。つまり自国で生産した分を日本への輸出に充て，それを補完するように輸入品をタイ国内市場に充てている構造が見てとれる。

　ALLケースの生産量についてはセンシティブ品目が43〜87％，加工食品が10〜27％も増加し，それに投入される農産物も6〜8％増加している。農

産物の伸びが前二者に比べて小さいのは，輸入増加が原因であろう。逆に労働集約的な二次産業では2～5％，資本集約的な二次産業では5～9％減産している。

　次にSENケースに目を向けると，まず価格変化がALLケースの場合よりも大幅に緩和されていることがわかる。ALLケースのように農産物価格が2割～5割も上昇すれば，当然タイの貧困層やタイから農産物を輸入している国が大きなダメージを受けるであろう。1993年の冷夏によって日本がコメを諸外国から緊急輸入した際，コメ価格が高騰しアジアのコメ輸入国等を苦しめたことがあったが，それと同様のことが日タイFTAのALLケースでも生じるのである。しかしながらセンシティブ品目を除外することによってそれを大幅に軽減することが可能であり，日本以外の国にとってセンシティブ品目除外の最大のメリットは，おそらくこの点にあると考えられる。

　SENケースの生産量については，センシティブ品目や農産物が減少する一方，その他の財はALLケースよりも変化率が上方にシフトし，特に畜産業や加工食品の増加が目立つ。このような変化を理解する鍵は，一つには既に何度も述べている代替効果である。つまり日本における輸入需要が，センシティブ品目から相対的に値下がりしたその他の財へと代替するのである。また畜産業や加工食品などの増産は，価格上昇が抑えられたことにより日本以外への輸出が伸びたことも原因となっている。農産物の減産は，言うまでもなく投入先のセンシティブ品目の生産量が減少したことに起因している。

　図表には記していないが，タイにおける労働移動は日本とは逆に第二次，第三次産業から流出し，農産物やセンシティブ品目部門などの食料産業に流入する。部門間を移動する労働は，ALLケースの場合全労働力の2.8～4.6％であり，大量の労働移動を招くが，SENケースの場合にはこの数値は1.2～3.4％まで低下する。センシティブ品目を除外することによって，労働市場への影響は大きく軽減させられることがわかる。

第9章 GTAPモデルによる日タイFTAおよび日韓FTAの分析

ALL1
(単位:％変化)

	中国	香港	日本	韓国	台湾	インドネシア	マレーシア	フィリピン	シンガポール	タイ	ベトナム	オセアニア	南アジア	カナダ	アメリカ	メキシコ	中南米	ヨーロッパ	その他
農産物	-0.1	2.8	-1.7	-0.5	-0.8	0.2	0.8	0.1	0.5	38.8	0.5	0.4	0.4	0.1	-0.1	0.1	-0.1	-0.1	-0.1
畜産物	-0.1	0.0	-0.4	-0.3	-1.3	0.1	0.9	0.2	0.5	25.7	0.4	0.0	0.0	-0.5	-0.2	-0.2	-0.1	-0.1	-0.1
林業	-0.1	-0.1	0.3	-0.1	0.0	0.0	-0.1	-0.1	0.0	0.4	0.0	-0.1	-0.1	-0.1	-0.1	-0.1	-0.1	-0.1	-0.1
漁業	-0.2	0.2	0.0	-0.1	0.0	0.0	-0.1	0.0	-0.1	3.9	-0.5	0.0	-0.1	-0.1	0.0	0.0	0.0	-0.1	-0.1
加工食品	-0.2	-0.2	-0.3	-0.2	-0.5	-0.2	-0.6	-0.2	-0.1	18.0	-1.3	-0.3	-0.3	0.0	-0.1	0.0	-0.1	-0.1	-0.1
センシティブ品目	-0.4	3.9	-5.1	-0.8	-2.0	0.4	2.7	0.3	8.8	63.1	1.3	-0.4	0.5	-2.0	-0.6	-0.5	-0.2	-0.1	0.0
二次産業(労働集約的)	0.0	0.0	0.4	0.0	0.0	0.0	-0.2	-0.2	-0.3	-1.8	0.1	-0.1	0.1	0.0	-0.1	0.0	0.0	-0.1	-0.1
二次産業(資本集約的)	0.0	-0.1	0.9	-0.1	-0.2	-0.3	-0.3	-0.3	-1.1	-5.9	-0.9	-0.1	-0.1	-0.1	-0.1	-0.1	0.0	-0.1	-0.1
三次産業	-0.1	-0.1	0.3	-0.1	-0.2	-0.1	-0.2	-0.1	-0.1	1.2	-0.2	-0.1	-0.1	-0.1	-0.1	-0.1	-0.1	-0.1	-0.1

SEN1
(単位:％変化)

	中国	香港	日本	韓国	台湾	インドネシア	マレーシア	フィリピン	シンガポール	タイ	ベトナム	オセアニア	南アジア	カナダ	アメリカ	メキシコ	中南米	ヨーロッパ	その他
農産物	-0.1	1.0	0.0	0.0	-0.1	0.0	0.1	-0.1	0.2	7.9	0.0	0.0	-0.1	-0.1	-0.1	0.0	-0.1	-0.1	-0.1
畜産物	-0.1	0.0	-0.3	-0.2	-0.1	0.0	0.1	0.0	0.0	22.4	-0.1	-0.2	-0.1	-0.1	-0.2	-0.2	-0.1	-0.1	-0.1
林業	-0.1	-0.1	0.3	-0.1	-0.1	0.0	0.1	0.0	-0.1	-0.2	0.1	-0.1	-0.1	-0.1	-0.1	-0.1	0.0	-0.1	-0.1
漁業	-0.1	0.2	-0.2	-0.1	-0.1	-0.1	-0.1	0.0	-0.2	8.3	-0.6	-0.1	-0.1	0.0	0.0	0.0	0.0	-0.1	-0.1
加工食品	-0.3	-0.3	-0.4	-0.3	-0.4	-0.1	-0.4	-0.2	0.5	25.6	-1.7	-0.5	-0.3	-0.2	-0.2	0.0	-0.1	-0.1	-0.1
センシティブ品目	-0.1	1.4	0.3	0.1	-0.1	0.0	0.7	-0.1	2.8	0.2	0.2	0.3	0.0	-0.2	-0.2	0.1	-0.1	0.0	0.0
二次産業(労働集約的)	0.0	0.0	0.4	0.0	0.0	0.0	-0.2	-0.2	-0.2	-1.1	0.2	-0.1	-0.1	0.0	0.0	0.0	0.0	-0.1	-0.1
二次産業(資本集約的)	0.0	-0.1	0.8	-0.1	-0.2	-0.3	-0.2	-0.2	-1.1	-5.9	-0.7	0.0	-0.1	-0.1	-0.1	0.0	0.0	-0.1	-0.1
三次産業	-0.1	-0.1	0.4	-0.1	-0.2	-0.1	-0.2	-0.1	-0.1	0.5	-0.2	-0.1	-0.1	-0.1	-0.1	-0.1	0.0	-0.1	-0.1

表7 各地域の生産額の変化(ALL1、SEN1ケース)

表 8 各地域の生産額の変化 (ALL2、SEN2 ケース)

ALL2
(単位:%変化)

	中国	香港	日本	韓国	台湾	インドネシア	マレーシア	フィリピン	シンガポール	タイ	ベトナム	オセアニア	南アジア	カナダ	アメリカ	メキシコ	中南米	ヨーロッパ	その他
農産物	-0.1	3.8	-3.8	-0.5	-0.8	0.3	0.9	0.2	0.2	60.5	0.5	1.0	0.0	0.3	0.2	0.0	0.0	0.1	0.2
畜産物	-0.1	-0.2	-0.5	-0.5	-2.0	0.1	1.2	0.4	1.0	44.2	0.7	-0.2	0.0	-0.9	-0.3	-0.4	-0.1	-0.1	0.0
林業	0.0	-0.1	0.3	-0.1	0.1	0.2	0.3	0.0	0.0	-0.4	0.3	-0.1	-0.1	-0.1	-0.1	-0.1	-0.1	-0.1	-0.1
漁業	-0.2	0.5	-0.1	-0.1	-0.2	-0.1	0.0	-0.2	0.0	7.9	-1.1	-0.1	-0.1	-0.1	-0.1	-0.1	-0.1	-0.1	-0.1
加工食品	-0.4	-0.4	-0.7	-0.5	-1.0	-0.7	-1.7	-0.3	0.9	37.9	-3.8	-0.9	-0.5	0.0	-0.2	0.0	-0.2	-0.1	-0.1
センシティブ品目	-0.6	7.2	-14.0	-1.3	-3.4	0.7	4.8	0.6	18.0	119.5	2.4	-0.5	0.3	-3.4	-1.0	-0.8	-0.3	-0.3	0.0
二次産業(労働集約的)	0.0	0.0	0.7	-0.1	0.1	0.1	-0.4	-0.5	-0.6	-4.7	0.5	-0.1	-0.1	0.0	-0.1	-0.1	-0.1	-0.2	-0.2
二次産業(資本集約的)	-0.1	-0.3	1.4	-0.1	-0.3	-0.5	-0.3	-0.5	-1.9	-10.6	-1.3	-0.1	-0.2	0.0	-0.1	-0.1	-0.1	-0.2	-0.2
三次産業	-0.1	-0.1	0.2	-0.1	-0.2	-0.1	-0.1	-0.1	0.2	1.8	-0.2	-0.1	-0.1	-0.1	-0.1	-0.1	-0.1	-0.1	-0.1

SEN2
(単位:%変化)

	中国	香港	日本	韓国	台湾	インドネシア	マレーシア	フィリピン	シンガポール	タイ	ベトナム	オセアニア	南アジア	カナダ	アメリカ	メキシコ	中南米	ヨーロッパ	その他
農産物	-0.2	2.6	0.0	0.0	-0.1	-0.1	0.3	0.0	0.0	12.3	0.2	0.2	0.0	-0.1	-0.1	0.0	-0.1	0.0	-0.1
畜産物	-0.1	-0.2	-1.3	-0.6	-0.1	-0.1	0.5	0.1	0.4	65.3	0.0	-0.4	-0.1	-0.2	0.0	0.0	-0.1	0.0	-0.1
林業	0.0	-0.1	0.3	-0.1	-0.1	0.3	0.3	0.0	0.0	-1.1	0.5	-0.1	-0.1	-0.1	-0.1	-0.1	-0.1	-0.1	-0.1
漁業	-0.1	1.0	-1.0	-0.3	-0.1	-0.1	0.4	-0.2	1.3	24.5	-1.8	-0.1	-0.1	-0.2	-0.1	0.0	-0.1	-0.1	-0.2
加工食品	-0.7	-1.0	-2.0	-0.8	-1.2	-1.3	-1.5	-0.3	-1.5	81.5	-5.7	-1.7	-0.9	-0.4	-0.4	-0.1	-0.3	-0.2	0.0
センシティブ品目	0.3	4.7	0.4	0.6	0.1	0.3	2.4	0.5	9.7	-5.0	1.0	1.1	0.1	0.9	0.3	0.0	0.1	0.2	0.0
二次産業(労働集約的)	0.0	0.0	0.7	-0.1	0.0	0.1	-0.4	-0.5	-0.6	-4.7	0.8	0.0	0.0	0.0	0.0	-0.1	0.0	-0.1	-0.1
二次産業(資本集約的)	0.0	-0.2	1.3	-0.1	-0.3	-0.3	-0.3	-0.4	-1.8	-13.9	-0.8	0.1	-0.1	-0.1	0.0	0.0	0.0	-0.2	-0.1
三次産業	-0.1	0.0	0.3	-0.1	-0.2	-0.1	-0.1	0.0	0.2	1.5	-0.2	-0.1	-0.1	-0.1	0.0	0.0	-0.1	0.0	0.0

表7,表8には各地域の生産額の変化が示されている。ALL1および SEN1ケースでは0.5%以上の変化を示した欄を太字にしてある。当然日本やタイへの貿易依存度が高い地域ほど,貿易転換効果による負の影響を強く受けることになり,ALL1ケースでは特に東南アジア各国で減少幅の大きな部門が目立つ。しかし一方で増加している項目も多く,特に農産物やセンシティブ品目などは一部の国で大幅に増産している。これはタイの精米輸出が世界的に大きなシェアを持っていることに由来するものであり,域外国における貿易創出効果と言えよう。これまでタイは世界各国に精米を輸出していたわけだが,FTA後にはその輸出先を日本にシフトさせ,それ以外の地域への輸出を大幅に減らすことになる。その結果,タイ以外のコメ産出国の生産が刺激されるのである。

5. 結果:日韓FTA

次に日韓FTAの分析結果を紹介する。変化の要因については,日タイ

表9 実質GDPの変化

(単位:%変化)

	ALL1	ALL2	SEN1	SEN2
中国	−0.01	−0.03	−0.01	−0.03
香港	0.00	0.00	0.00	0.00
日本	**0.00**	**−0.04**	**0.00**	**−0.01**
韓国	**0.25**	**0.81**	**0.22**	**0.70**
台湾	−0.01	−0.02	−0.01	−0.02
インドネシア	0.00	−0.01	0.00	−0.01
マレーシア	−0.02	−0.04	−0.02	−0.05
フィリピン	−0.01	−0.02	−0.01	−0.02
シンガポール	−0.01	−0.02	−0.01	−0.02
タイ	−0.03	−0.07	−0.03	−0.08
ベトナム	−0.01	−0.04	−0.01	−0.03
オセアニア	0.00	0.00	0.00	−0.01
南アジア	0.00	0.00	0.00	0.00
カナダ	0.00	0.00	0.00	0.00
アメリカ	0.00	0.00	0.00	0.00
メキシコ	0.00	0.00	0.00	0.00
中南米	0.00	−0.01	0.00	−0.01
ヨーロッパ	0.00	0.00	0.00	0.00
その他	0.00	−0.01	0.00	−0.01
合計	0.00002	0.00004	0.00002	0.00006

FTAの場合と重なる場合が多いため，本節では解説を簡略化もしくは省略する場合もある。

(1) GDPへの影響

日本のGDP増加率は全品目自由化のALLケースでは0.00～-0.04%，センシティブ品目を除くSENケースでは0.00～-0.01%となっており，タイとのFTA同様，いずれのケースでもGDPへの影響は非常に小さい。一方韓国のGDP増加率は，ALLケースでは0.25～0.81%，SENケースでは0.22～0.70%となっており，センシティブ品目の除外はGDP増加率を1割程度引き下げることがわかる。

日韓以外の地域への影響はほとんどないが，タイ，マレーシアでは比較的減少率が大きく，貿易転換効果による負の影響を強く受けている。全世界合計のGDP変化率を見るとタイの場合とは逆に，若干ではあるが全てのケースでプラスとなっている。

(2) 日韓貿易への影響

表10は輸出入額の変化率を，図4，図5は輸出入額の変化額を示したものである。

表10　日韓貿易の変化

	輸入額					輸出額				
	基準時	ALL1	ALL2	SEN1	SEN2	基準時	ALL1	ALL2	SEN1	SEN2
	(百万ドル)	(%変化)	(%変化)	(%変化)	(%変化)	(百万ドル)	(%変化)	(%変化)	(%変化)	(%変化)
農産物	102.7	222	470	271	1002	15.9	1317	18430	1271	16344
畜産物	7.0	79	171	90	253	7.4	81	224	80	211
林業	190.3	6	8	6	10	219.4	43	109	43	108
漁業	358.6	30	40	30	38	24.4	101	367	101	377
加工食品	1062.8	312	1368	322	1472	191.6	526	2692	518	2601
センシティブ品目	258.5	547	2070	-5	-21	7.9	304	1894	272	1308
二次産業(労働集約的)	8557.5	9	19	10	21	13141.2	43	100	43	100
二次産業(資本集約的)	4309.5	40	90	41	95	12646.5	65	155	64	153
三次産業	1028.5	-2	-7	-1	-5	1354.4	0	0	-1	-1
合計	15875.3					27608.8				

注：1）輸入とは日本の韓国からの輸入を，輸出とは日本から韓国への輸出を意味する。
　　2）輸入額はCIFベース，輸出額はFOBベースである。

第9章　GTAPモデルによる日タイFTAおよび日韓FTAの分析

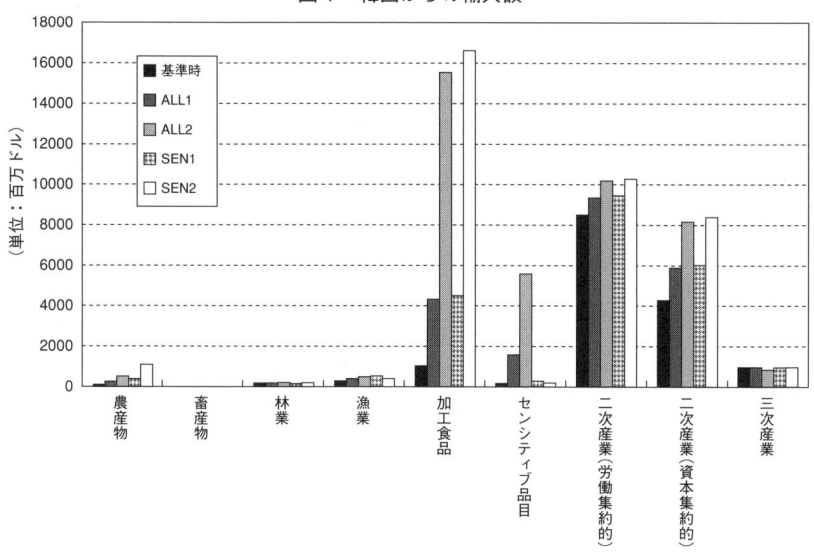

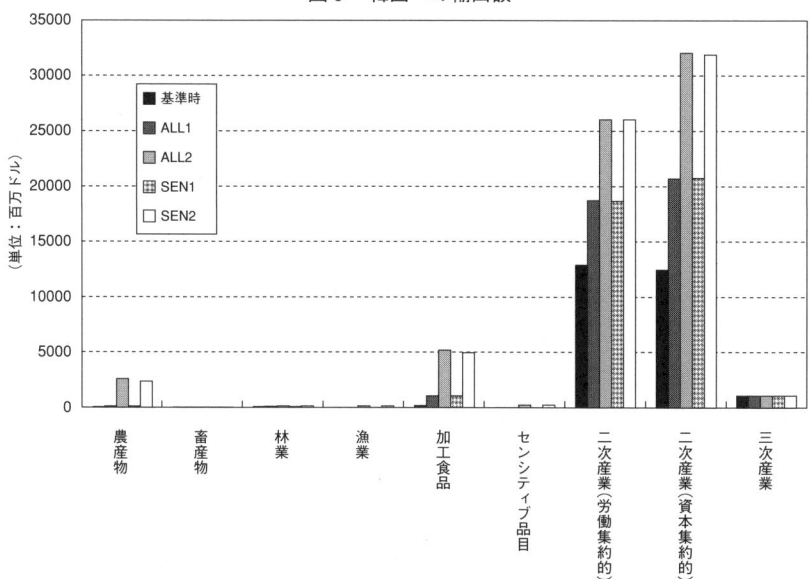

図4　韓国からの輸入額

図5　韓国への輸出額

まずALLケースでの韓国からの輸入額は，センシティブ品目が500%～2000%，加工食品が300～1400%と大幅に増加しており，変化率で見ても，変化額で見てもこれら2財が9財の中で最も大きな変化を示しており，その増加率はタイのときよりもやや大きい。漁業の増加率は30～40%となっている。表には掲載していないが韓国以外からの輸入は，多くの地域・財において，韓国に輸入シェアを奪われることによって減少する。その減少幅は，センシティブ品目が1～4割，加工食品では6～30%程度となっており，日タイFTAよりは若干小さくなる。

一方日本の輸出額を変化率で見ると，タイとのFTA同様，第二次産業のみならず多くの食料産業でも増加している。特に農産物や加工食品輸出が急増しており，その様子は変化額で示したグラフで見ても著しい。第二次産業の輸出増加率は40%～160%であり，日タイFTAよりは若干小さいが，基準時の輸出金額がタイの倍近くあるので，増加額で見れば韓国のほうが大きい。

SENケースでは，自由化対象から外されたセンシティブ品目の輸入額が基準時に比べて若干減少している。それ以外の財はALLよりも増加幅が拡大しているものが多い。中でも農産物はALLケースでは200～500%増だったものが，SENケースでは300～1000%増と大幅に拡大している。ただし農産物輸入額は基準時の金額が小さいため，変化額で見ればさほど大きな変化ではないことにも注意されたい（図4）。

輸出額は全体的に若干ALLケースよりも伸びが小さくなっているが，その違いはさほど大きなものではなく，第二次産業の輸出に関してはほとんど影響を受けていない。つまり日タイFTA同様，センシティブ品目の除外は日本の対韓国輸出にはほとんど影響しないと考えてよいだろう。

(3) 日本における部門別の影響

表11は日本における価格と数量の変化率を示したものである。ただしここでの輸出入は韓国だけでなく，全世界との合計量である。

第9章　GTAPモデルによる日タイFTAおよび日韓FTAの分析

表11　日本における部門別の変化

(単位：％変化)

	市場価格				生産量			
	ALL1	ALL2	SEN1	SEN2	ALL1	ALL2	SEN1	SEN2
農産物	0.2	0.9	0.3	1.3	−0.3	1.4	−0.1	1.7
畜産物	0.1	0.4	0.2	0.5	−0.2	−0.9	−0.2	−1.2
林業	0.3	0.3	0.3	0.4	−0.1	−0.2	−0.1	−0.2
漁業	0.2	0.1	0.2	0.1	−0.3	−0.6	−0.4	−0.7
加工食品	0.1	0.0	0.2	0.1	−0.2	−1.0	−0.3	−1.3
センシティブ品目	0.0	0.2	0.3	0.6	−1.0	−4.3	−0.1	−0.4
二次産業(労働集約的)	0.3	0.3	0.3	0.3	0.3	0.7	0.2	0.6
二次産業(資本集約的)	0.3	0.3	0.3	0.4	0.2	0.5	0.1	0.3
三次産業	0.3	0.4	0.4	0.4	0.0	−0.1	0.0	−0.1
	輸入量				輸出量			
	ALL1	ALL2	SEN1	SEN2	ALL1	ALL2	SEN1	SEN2
農産物	1.0	3.5	1.3	6.2	82.4	1162.5	78.9	1027.7
畜産物	0.4	2.5	0.6	3.1	4.0	8.4	3.5	6.5
林業	0.7	1.6	0.6	1.7	1.4	3.9	1.3	3.6
漁業	2.4	3.1	2.4	2.7	24.5	88.9	24.4	91.6
加工食品	7.2	32.7	7.6	35.7	36.4	188.6	35.5	181.2
センシティブ品目	15.7	63.1	0.2	1.1	18.3	114.1	15.5	74.7
二次産業(労働集約的)	1.1	2.5	1.2	2.6	1.8	4.3	1.7	4.0
二次産業(資本集約的)	2.0	4.3	2.1	4.6	1.2	3.3	1.0	2.9
三次産業	0.8	1.6	0.8	1.8	−1.2	−2.5	−1.3	−2.8

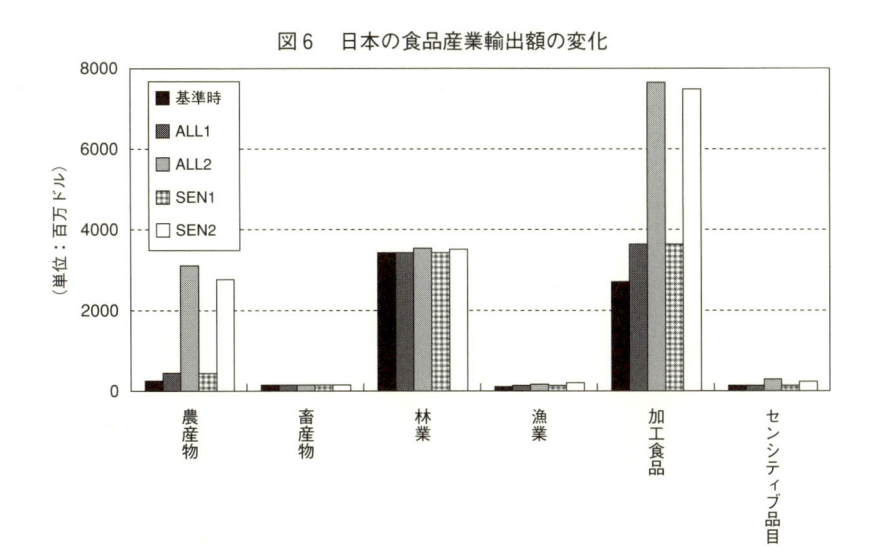

図6　日本の食品産業輸出額の変化

まずALLケースから見ていくと，第三次産業を除く全部門で輸出入が増加しているが，輸入よりも輸出の伸びが全体的に大きいようである。輸入増加率が大きいのはセンシティブ品目と加工食品であり，輸出増加率が大きいのは農産物や加工食品などである。輸出については変化率が大きすぎてイメージが掴みにくいため，食品産業について変化額をグラフにしたのが図6である。図からはALL1ケースではどの財もさほど増加しないものの，ALL2ケースになると農産物や加工食品などで増加幅が急激に拡大しており，アーミントン係数によって大きく傾向が変わることがわかる。

　ALLケースでの生産量はほとんどの食品産業で減少しており，特にセンシティブ品目では－1～－4％と減少幅が大きい。輸出が増加するにも関わらず生産量が減少するということは，輸入増加や内需減少などが強く影響していることを意味している。食品産業の中で唯一生産が増えているのはALL2ケースでの農産物であるが，これは逆に輸出の大幅な拡大，つまり外需の影響によるものと考えられる。二次産業に関しては，日タイFTAとは逆に，資本集約的な二次産業よりも労働集約的な二次産業で生産量の増加率が大きく，最大で0.7％程度の伸びとなる。

　次にSENケースであるが，輸入については自由化から除外されたセンシティブ品目がほとんど増加しなくなり，他の財はALLケースよりも増加率が上方へとシフトしている。

　輸出量については，ほとんどの財でALLケースよりも変化が下方にシフトし，輸出が抑制されている。既に見たようにセンシティブ品目を除外しても，韓国への輸出はさほど抑制されなかったため，これは韓国以外への輸出抑制に起因していることがわかる。

　センシティブ品目生産量の減少幅はALLケースよりも縮小している。その他の生産量はALLケースよりもわずかに下方にシフトしているようだが，さほど大きな違いではない。

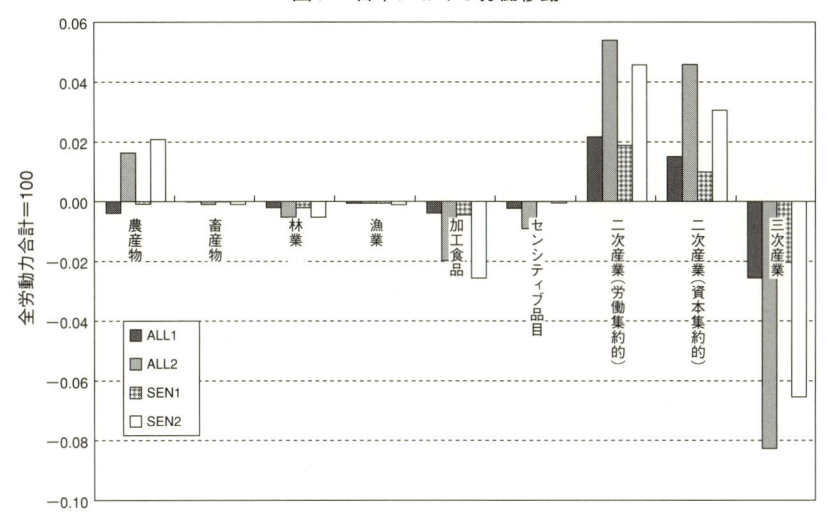

第9章　GTAPモデルによる日タイFTAおよび日韓FTAの分析

図7　日本における労働移動

図7は各部門の労働需要の増減を表しているが，日タイFTA同様，第二次産業への流入傾向が強く見られる。ALL1ケースにおける労働流出は第三次産業が突出しており，次いで農産物，林業，センシティブ品目，加工食品などからほぼ同量ずつ流出している。ALL2ケースでは第三次産業が突出していることには変わりないが，その他の大小関係には変化が生じ，センシティブ品目や加工食品からの流出量が相対的に拡大し，農産物においては逆に労働が流入するようになる。

SENケースの場合，センシティブ品目からの労働流出はかなり抑えられるが，他の部門の傾向はALLとほぼ同じである。部門間を移動する労働量合計はALLケースの場合，全労働力の0.04〜0.12%，SENケースの場合には若干低下し0.03〜0.10%であり，日タイFTAとほぼ同程度である。

(4) 韓国およびその他地域への影響

表12に韓国の部門別の変化を示す。まずALLケースの輸出から見ていく

表12 韓国における部門別の影響

(単位:%変化)

	市場価格				生産量			
	ALL1	ALL2	SEN1	SEN2	ALL1	ALL2	SEN1	SEN2
農産物	7.2	16.3	2.8	5.7	1.4	2.2	0.4	0.3
畜産物	1.9	3.5	0.6	0.8	6.3	26.0	5.7	25.4
林業	0.6	1.0	0.5	0.8	−0.4	−0.9	−0.3	−0.8
漁業	2.0	4.1	1.9	4.2	2.8	6.4	2.9	6.7
加工食品	0.7	0.4	0.1	−0.5	8.3	34.8	8.6	37.9
センシティブ品目	4.5	9.7	1.8	3.5	9.2	35.0	0.3	−0.6
二次産業(労働集約的)	−0.3	−0.2	−0.4	−0.4	−0.3	−1.6	0.1	−0.7
二次産業(資本集約的)	0.1	0.2	−0.1	0.0	−1.7	−5.4	−1.2	−4.3
三次産業	0.8	1.3	0.6	1.0	0.0	0.1	0.0	0.1
	輸入量				輸出量			
	ALL1	ALL2	SEN1	SEN2	ALL1	ALL2	SEN1	SEN2
農産物	14.6	101.1	11.5	81.0	69.9	136.2	99.2	369.5
畜産物	0.3	1.7	−0.2	−1.1	4.1	0.6	11.2	32.4
林業	1.6	4.7	1.4	4.2	−2.1	−6.9	−1.5	−5.4
漁業	21.3	86.2	21.2	89.7	22.9	26.9	23.3	25.4
加工食品	17.4	89.4	16.2	83.9	155.8	689.8	162.1	747.2
センシティブ品目	14.6	76.0	6.2	28.1	463.5	1761.8	−7.0	−24.5
二次産業(労働集約的)	2.3	5.0	2.4	5.2	2.2	3.8	2.8	5.2
二次産業(資本集約的)	9.0	22.6	8.8	21.9	2.2	3.2	3.2	5.7
三次産業	1.7	5.2	1.2	4.1	−2.1	−5.7	−1.6	−4.4

と,センシティブ品目,加工食品,農産物,漁業などで数十%単位の増加を示している。二次産業もいずれの部門でも増加しており,輸出が減少するのは林業と第三次産業だけである。タイの場合には国産品価格が大幅に上昇したために,輸出総額が減少する財も見られたが,韓国ではそのような傾向はほとんど見られない。

　輸入は全ての財で増加し,輸出同様,センシティブ品目,加工食品,農産物,漁業などで特に著しい。これらのことは,タイ同様,自国での生産分を日本への輸出に向け,韓国市場には国産品の代わりに輸入品を充てることを意味し,流通構造の変化を物語っている。

　生産量についてはセンシティブ品目が9～35%,加工食品が8～35%増産しており,それに投入される農産物も1.4～2.2%増産している。逆に労働集約的な二次産業では0.3～1.6%,資本集約的な二次産業では1.7～5.4%減産している。価格の変化は農産物が7～16%,センシティブ品目が5～10%など,食品産業を中心に上昇が目立つが,日タイFTAほど激しくはない。

第9章　GTAPモデルによる日タイFTAおよび日韓FTAの分析

　次にSENケースをALLケースと比較すると，まずセンシティブ品目は輸出・輸入・生産全てが減少している。輸出・生産の減少はもちろん日本からの需要が減ったためであり，輸入の減少は輸出を補完する必要がなくなったためである。
　センシティブ品目以外については，全体的に輸出がALLケースよりも拡大するものの，輸入や生産量の変化は縮小している。中でも農産物の変化が目立ち，生産量についてはALLでは1.4〜2.2%増だったものが，SENでは0.4〜0.3%へと縮小しているが，これはセンシティブ品目生産への中間投入が減ったことに起因している。
　価格については全体的にALLケースよりも上昇率が軽減されており，特にALLケースで5〜16%増と上昇率の大きかったセンシティブ品目や農産物の上昇率は，2〜6％増へと軽減されている。

　図表には記していないが，韓国における労働移動は日本とは逆に第二次産業から流出し，加工食品，農産物やセンシティブ品目などへと流入する。部門間を移動する労働量を合計すると，ALLケースの場合，全労働力の0.3〜1.0%となるが，SENケースの場合にはこの数値は0.2〜0.7%まで低下する。

　表13，表14には各地域における各部門の生産額変化が示されており，ALL1およびSEN1ケースでは0.5%以上の変化を示している欄を太字にしてある。タイとのFTAでは，いくつかの地域では生産額が増加している部門もあったが，今回は増加している部門はほとんどない。ALL1ケースでは，特にタイやベトナムなどの加工食品などで減少幅が大きくなっており，SEN1ケースになると，これらの減少幅がやや縮小されるようである。

表13　各地域の生産額の変化（ALL1、SEN1ケース）

ALL1　（単位：％変化）

	中国	香港	日本	韓国	台湾	インドネシア	マレーシア	フィリピン	シンガポール	タイ	ベトナム	オセアニア	南アジア	カナダ	アメリカ	メキシコ	中南米	ヨーロッパ	その他
農産物	-0.2	0	-0.1	8.6	-0.2	-0.2	-0.3	-0.2	-0.1	-0.6	-0.2	-0.2	-0.1	-0.2	-0.1	-0.1	-0.1	-0.1	-0.1
畜産物	-0.2	-0.1	-0.1	8.2	-0.4	-0.2	-0.2	-0.2	-0.2	-0.7	-0.2	-0.3	-0.1	-0.3	-0.2	-0.1	-0.1	-0.1	-0.1
林業	0.0	0.0	0.2	0.2	0.0	0.1	0.0	0.0	-0.1	-0.1	-0.1	-0.1	-0.1	-0.1	-0.1	0.0	0.0	-0.1	-0.1
漁業	-0.2	-0.4	-0.1	4.8	-0.3	-0.2	-0.2	-0.2	-0.4	-0.3	-0.7	-0.3	-0.1	-0.2	-0.4	-0.1	-0.1	-0.1	-0.2
加工食品	-0.3	-0.4	-0.1	9.0	-0.4	-0.4	-0.4	-0.3	-0.5	-0.8	-1.5	-0.5	-0.3	-0.3	-0.2	-0.1	-0.2	-0.1	-0.1
センシティブ品目	-0.3	-0.2	-0.9	13.6	-0.5	-0.2	-0.3	-0.2	-0.4	-0.9	-0.3	-0.5	-0.1	-0.3	-0.2	-0.1	-0.1	-0.1	-0.1
二次産業（労働集約的）	-0.1	-0.1	0.6	-0.6	-0.1	-0.2	-0.2	-0.2	-0.2	0.0	0.1	-0.2	0.0	-0.1	-0.1	-0.1	-0.1	-0.1	-0.2
二次産業（資本集約的）	0.0	0.0	0.5	-1.6	0.0	0.1	0.1	0.0	-0.1	0.1	0.0	-0.1	0.0	0.0	-0.1	0.0	0.0	0.0	0.1
三次産業	-0.1	0.0	0.3	0.9	-0.1	-0.1	-0.1	-0.1	0.0	-0.2	-0.2	-0.2	-0.1	-0.2	-0.1	0.0	-0.1	-0.1	-0.1

SEN1　（単位：％変化）

	中国	香港	日本	韓国	台湾	インドネシア	マレーシア	フィリピン	シンガポール	タイ	ベトナム	オセアニア	南アジア	カナダ	アメリカ	メキシコ	中南米	ヨーロッパ	その他
農産物	-0.2	-0.1	0.3	3.1	-0.1	-0.2	-0.3	-0.2	-0.1	-0.3	-0.2	-0.2	-0.1	-0.2	-0.1	-0.1	-0.1	-0.1	-0.1
畜産物	-0.2	-0.1	-0.0	6.4	-0.1	-0.1	-0.2	-0.2	-0.1	-0.7	-0.2	-0.3	-0.1	-0.2	-0.2	-0.1	-0.1	-0.1	-0.1
林業	-0.1	0.0	0.2	0.1	0.0	0.1	0.1	0.0	-0.1	-0.1	-0.1	-0.1	-0.1	-0.1	-0.1	0.0	0.0	-0.1	-0.1
漁業	-0.2	-0.4	-0.2	4.8	-0.2	-0.2	-0.2	-0.2	-0.4	-0.4	-0.7	-0.3	-0.1	-0.2	-0.4	-0.1	-0.1	-0.1	-0.2
加工食品	-0.3	-0.4	-0.1	8.7	-0.3	-0.4	-0.4	-0.3	-0.5	-0.8	-1.5	-0.5	-0.3	-0.3	-0.2	-0.1	-0.1	-0.1	-0.1
センシティブ品目	0.3	-0.1	0.2	1.5	-0.1	-0.1	-0.1	-0.2	-0.2	0.0	-0.3	0.1	-0.1	-0.1	-0.1	-0.1	-0.1	-0.1	-0.1
二次産業（労働集約的）	0.1	-0.1	0.5	-0.3	-0.1	-0.2	-0.2	-0.2	-0.2	0.0	0.1	0.1	0.0	-0.1	-0.1	-0.1	-0.1	-0.1	-0.1
二次産業（資本集約的）	0.0	0.0	0.4	-1.3	-0.0	0.1	0.1	0.0	-0.1	0.1	0.0	-0.1	0.0	0.0	-0.1	0.0	0.0	-0.1	0.1
三次産業	-0.1	0.0	0.3	0.6	-0.1	-0.1	-0.1	-0.1	0.0	-0.1	-0.2	-0.2	-0.1	-0.1	-0.1	0.0	-0.1	-0.1	-0.1

第9章　GTAPモデルによる日タイFTAおよび日韓FTAの分析

表14　各地域の生産額の変化（ALL2、SEN2ケース）

ALL2 (単位：％変化)

	中国	香港	日本	韓国	台湾	インドネシア	マレーシア	フィリピン	シンガポール	タイ	ベトナム	オセアニア	南アジア	カナダ	アメリカ	メキシコ	中南米	ヨーロッパ	その他
農産物	-0.4	0.0	2.3	18.5	-0.5	-0.4	-0.6	-0.4	-0.1	-1.1	-0.3	-0.2	-0.3	-0.4	-0.3	-0.2	-0.3	-0.3	-0.2
畜産物	-0.3	-0.3	-0.6	29.5	-1.0	-0.3	-0.4	-0.3	-0.4	-2.3	-0.3	-0.7	-0.3	-0.8	-0.6	-0.4	-0.3	-0.4	-0.2
林業	0.0	0.1	0.1	0.1	0.0	0.4	0.2	0.0	-0.1	-0.1	0.6	-0.1	-0.1	-0.1	-0.1	-0.1	-0.1	-0.1	-0.1
漁業	-0.3	-0.7	-0.5	10.5	-0.4	-0.3	-0.2	-0.2	-0.3	-0.9	-2.2	-0.7	-0.2	-0.6	-0.5	-0.1	-0.2	-0.2	-0.2
加工食品	-1.1	-1.5	-1.1	35.2	-1.4	-1.4	-1.4	-0.8	-1.9	-2.8	-5.9	-2.0	-0.9	-0.9	-0.7	-0.2	-0.4	-0.4	-0.3
センシティブ品目	-0.7	-0.7	-4.1	44.7	-1.4	-0.3	-0.7	-0.3	-1.3	-2.4	-0.8	-0.2	-0.8	-0.5	-0.6	-0.3	-0.3	-0.2
二次産業（労働集約的）	-0.1	-0.1	1.0	-1.9	-0.1	-0.2	-0.3	-0.3	-0.5	0.1	0.6	-0.3	-0.1	0.1	-0.1	-0.1	-0.1	-0.2	-0.4
二次産業（資本集約的）	0.0	0.1	0.8	-5.2	0.2	0.5	0.3	0.0	-0.1	0.3	0.3	0.1	0.0	0.1	-0.1	0.1	0.1	-0.1	0.2
三次産業	-0.1	0.0	0.3	1.4	-0.1	-0.1	-0.1	0.0	0.0	-0.1	-0.2	-0.2	-0.1	-0.1	-0.1	-0.1	-0.1	-0.1	-0.1

SEN2 (単位：％変化)

	中国	香港	日本	韓国	台湾	インドネシア	マレーシア	フィリピン	シンガポール	タイ	ベトナム	オセアニア	南アジア	カナダ	アメリカ	メキシコ	中南米	ヨーロッパ	その他
農産物	-0.4	-0.1	3.0	6.0	-0.3	-0.4	-0.6	-0.4	-0.2	-0.6	-0.4	-0.6	-0.3	-0.5	-0.4	-0.3	-0.3	-0.3	-0.2
畜産物	-0.3	-0.3	-0.7	26.2	-0.2	-0.3	-0.4	-0.3	-0.3	-2.4	-0.3	-0.5	-0.2	-0.5	-0.5	-0.2	-0.3	-0.3	-0.2
林業	0.0	0.0	0.1	0.1	0.0	0.4	0.2	0.0	0.0	-0.1	0.6	-0.1	-0.1	-0.1	-0.1	-0.1	-0.1	-0.1	0.0
漁業	-0.3	-0.7	-0.7	11.0	-0.3	-0.3	-0.2	-0.2	-0.3	-1.1	-2.3	-0.7	-0.2	-0.6	-0.5	-0.1	-0.2	-0.2	-0.2
加工食品	-1.1	-1.6	-1.3	37.4	-1.3	-1.4	-1.4	-0.8	-1.9	-3.2	-6.1	-2.1	-0.9	-0.9	-0.7	-0.2	-0.4	-0.4	-0.3
センシティブ品目	-0.2	-0.5	0.2	2.9	-0.1	-0.3	-0.3	-0.3	-0.7	0.5	-0.7	0.0	-0.2	-0.1	-0.1	-0.1	-0.2	-0.1	-0.1
二次産業（労働集約的）	-0.1	-0.2	0.9	-1.1	-0.1	-0.2	-0.3	-0.3	-0.5	0.1	0.6	-0.3	-0.1	0.1	-0.1	-0.1	-0.1	-0.2	-0.4
二次産業（資本集約的）	0.0	0.1	0.7	-4.2	0.1	0.5	0.3	0.1	-0.1	0.4	0.4	0.10.1	0.1	0.1	-0.1	0.1	0.1	0.2	0.0
三次産業	-0.1	0.0	0.3	1.0	-0.1	-0.1	-0.1	0.0	0.1	-0.1	-0.2	-0.2	-0.1	-0.1	-0.1	0.0	-0.1	0.0	-0.1

6．むすび

　本稿では日タイFTAおよび日韓FTAの効果を，多地域型応用一般均衡モデルGTAPを用いて多方面から分析した。その際，自由化対象とする財については全品目自由化（ALL）ケースとセンシティブ品目除外（SEN）ケースの2通りを，アーミントン係数については標準的な場合と2倍の場合の2通りを，それぞれ設定して分析を行なった。主な結果をまとめると以下の通りである。

1．日本のGDP変化率は，日タイFTA，日韓FTAいずれにおいても0.1％未満であり，影響は微小なものに留まる。
2．ALLケースの場合，日タイ間および日韓間の貿易は双方向で活発化する。タイ・韓国からの輸入は，特にセンシティブ品目と加工食品の増加が著しい。日本からの輸出は第二次産業だけでなく，多くの食品産業でも増加する。SENケースの場合，代替効果によってセンシティブ品目の輸入がFTA前よりも減少し，それ以外の財の輸入はALLケース以上に増加することになる。一方，日本の輸出量変化はALLケースとほとんど変わらず，農産物の輸出もほとんど影響を受けない。
3．ALLケースの場合，全世界からの日本のセンシティブ品目輸入量は，日タイFTAで4〜8割，日韓FTAで2〜6割増える。その結果，センシティブ品目生産量は日タイFTAの場合4.5〜12.8％，日韓FTAの場合で1.0〜4.3％減少し，タイ産・韓国産のシェアが拡大する。一方SENケースではこのようなセンシティブ品目の輸入増が生じないため生産量は維持され，農産物の減産幅も縮小する。しかしながら加工食品などの減産圧力が強まる。第二次産業生産量はほとんど影響を受けない。
4．ALLケースでは，日タイFTAの場合，日本における全労働力の0.06〜0.13％が，日韓FTAの場合は0.04〜0.12％が産業間の移動を余儀なくさ

れ，特に第二次産業へと労働が流入するが，SENケースの場合にはこれらの移動量が緩和されることになる。現実には急激な労働移動がスムーズに進行するとは考えにくく，一時的に失業の増大を招くことも考えられるが，それらを緩和するという意味ではセンシティブ品目の除外は意義のある選択と言えよう。

5．日タイFTAのALLケースの場合，タイにおいては農産物・畜産物・センシティブ品目の価格が2割〜5割上昇する。これはタイの貧困層やタイから農産物を輸入している国に対して大きなダメージを与えうることを意味するが，センシティブ品目を除外することによってそのような価格高騰を大幅に軽減することができる。おそらく日本以外の国にとってセンシティブ品目を除外する最大のメリットは，このような農産物の価格高騰を軽減できる点にあると考えられる。日タイFTAに比べるとその程度は小さいものの，日韓FTAでも同様のことが言える。

6．ALLケースの場合，タイ・韓国ではセンシティブ品目や加工食品が1割から9割程度増産する一方，第二次産業は最大1割程度減産する。SENケースの場合，センシティブ品目の増産は生じなくなるものの，第二次産業およびその他多くの品目の生産量は上方にシフトする。幼稚産業保護論からもわかるように(注8)，たとえFTAによって短期的な利益を享受できたとしても，農業に特化して工業生産を減らす国は長期的な利益を失う可能性がある。そのような意味で工業部門の犠牲を緩和することができるセンシティブ品目の除外というオプションは，タイ・韓国にとっても意義のある選択と言えるかもしれない。

最後に今後の課題であるが，まず前章のGTAP解説編でも記したように，タイから輸入する際のコメや砂糖の関税率は過小評価されていることがわかっている。従って日タイFTA・ALLケースにおけるセンシティブ品目の輸入増加率や減産の度合いなどは過小評価されている可能性が高く，今後のデータベースの改善が必須となるであろう。またFTAの効果をより厳密に測

るためには，減反やミニマムアクセスなど，GTAPでは扱われていないような各国独自の政策手段も明示的に取り扱っていくべきであり，そのためにはモデルの構造自体を改善していく必要もあるだろう。

　理論的には農産物を保護する場合，輸入制限よりも生産補助金の方が経済厚生にもたらす悪影響は小さいことがわかっており，農家への直接支払いが近年議論に上っているのもこれを背景としている。従って今後はセンシティブ品目を除外したケースと，全品自由化と同時に国内直接支払いを実施するケースの比較が重要な課題となるであろう。

(注1) 中島 (2001)，(2002) は日韓FTAを，中島 (2003) は東アジア全体でのFTAを，堤・清田 (2001) は日シンFTAを，堤・清田 (2002) はシンガポール，韓国，メキシコなどとのFTAを，藤川・渡邉 (2003) は日中韓の三カ国によるFTAを，Kawasaki (2003) は，日本とアジア6カ国とのFTAについてそれぞれ分析している。

(注2) 資本の移動可能性や資本蓄積効果について試算してみたところ，GDPや経済厚生には大きな違いが出るものの，部門別の変化（生産量，貿易量や価格など）にはあまり影響しないということがわかった。同様の帰結は伴 (2002) などでも報告されている。資本の移動可能性や資本蓄積効果・技術進歩などの仮定を扱ったGTAPの研究例としてはKawasaki (2003) を参照されたい。

(注3) 前章の1節(2)最終段落や同1節(4)1）なども参照されたい。

(注4) 資本集約的な二次産業よりも，労働集約的な二次産業で輸出がより拡大しているのは，後者のほうがタイにおける輸入関税が高いためである。

(注5) ここでの価格とは国産品，輸入品を消費量で加重平均した価格である。

(注6) ここでの労働需要は労働者数ではなく，労働時間単位で測ったものである。従って農業部門での労働需要の減少が，兼業化の進行を意味するのか，それとも離農を意味するのかについてはわからない。

(注7) ただし付表2からもわかるように，センシティブ品目は基準時の輸入がほとんどないので，変化率では大きくとも金額単位で見た場合にはさほど大きな変化ではないことにも注意されたい。

(注8) 幼稚産業保護論：工業の生産性は生産を続けることで成長すると考えられる。従って経済発展初期にある途上国などにおいてはこれらの成長を促すために一時的に保護貿易を行うことが長期的な利益につながる場合がある（伊藤・大山1985）。

第9章　GTAPモデルによる日タイFTAおよび日韓FTAの分析

謝辞

本章および前章の作成にあたって，市岡修教授（専修大学），齋藤勝宏助教授（東京大学），鈴木宣弘教授（九州大学），本間正義教授（東京大学）の各氏には多くの有益なコメントをいただいた。また川崎研一氏（経済産業研究所，コンサルティングフェロー）にはGTAPモデルの習得にあたって多くの御助言をいただいた。ここに記して謝意を表したい。

参考文献（前章分も含む）

Blake, A.T., Rayner, A.J., Reed, G.V., (1999) "A Computable General Equilibrium Analysis of Agricultural Liberalisation: the Uruguay Round and Common Agricultural Policy Reform" Journal of Agricultural Economics 50(3), pp400-424.

Box, G.E.P. (1979) "Robustness in the Strategy of Scientific Model Building", in Launer, R.L. and Wilkinson, G.N. Eds, "Robustness in Statistics", Academic Press, New York.

Barro, R. J., Sala-i-Martin, X. (1995) "Economic Growth", McGraw-Hill.

Broer, D.P., Lassila, J., Eds. (1997) "Pension Policies and Public Debt in Dynamic CGE Models" Springer Verlag.

Burniaux J.M. Waelbroeck J., (1992) "Preliminary Results of Two Experimental Models of General Equilibrium with Imperfect Competition", Journal of Policy Modeling, 14(1), pp.65-92.

Burniaux J.M., Waelbroeck J., (1992) "Preliminary Results of Two Experimental Models of General Equilibrium with Imperfect Competition", Journal of Policy Modeling, 14(1), pp.65-92.

Cattaneo, A. (2001) "Deforestation in the Brazilian Amazon: Comparing the Impacts of Macroeconomic Shocks, Land Tenure, and Technological Change" Land Economics, 77(2), pp219-240.

Cox D., Harris R., (1985) "Trade Liberalization and Industrial Organization: Some Estimates for Canada", Journal of Political Economy, 93, pp75-145.

Dervis, K., De Melo, J., Robinson, S., (1982) "General Equilibrium Models for Development Policy". World Bank Research Publication. Cambridge University Press.

Devarajan S., Rodrik D., (1991) "Procompetitive Effects of Trade Reform: Results from a CGE Model of Cameroon", European Economic Review, 35 (5), pp65-76.

Diao XS., Roe T., Yeldan E., (1999) "Strategic Policies and Growth: An Applied

Model of R&D - Driven Endogenous Growth", Journal of Development Economics 60(2): pp343-380.

Dixit, A.K., Stiglittz, J.E., (1977) "Monopolistic Competition and Optimum Product Diversity", American Economic Review 67, pp297-308.

Francois, J. (1996) "Liberalization and Capital Accumulation in the GTAP Model", GTAP Technical Paper No.7.

Francois, J. (1998) "Scale Economies and Imperfect Competition in the GTAP Model" GTAP Technical Paper No.14.

Gasiorek, Smith and Venables (1992) "Trade and Welfare: A General Equilibrium Model in Trade Flows and Trade Policy after 1992", Winters Eds.

Ginsburgh, V., Keyzer, M., (2002) "The Structure of Applied General Equilibrium Models." MIT Press.

Goto, J., (1998) "The Impact of Migrant Workers on the Japanese Economy: Trickle vs. Flood." Japan and the World Economy 10, pp63-83.

Harris R. (1984) "Applied General Equilibrium Analysis of Small Open Economies with Scale Economies and Imperfect Competition", American Economic Review, 74(5), pp1016-1032.

Harrison, G.W., Jensen, S.E.H., Pedersen, L.H., Rutherford, T.F., Eds, (2000) "Using Dynamic General Equilibrium Models for Policy Analysis." North-Holland.

Helpman, E., Krugman, P.R., (1989) "Trade Policy and Market Structure", MIT Press.

Hertel, T., Eds (1996) "Global Trade Analysis: Modeling and Applications" Cambridge University Press

Hoffmann A.N., (2002) "Imperfect Competition in Computable General Equilibrium Models - A Primer" Economic Modelling 20: (1) pp119-139.

Ianchovichina, E., Mcdougall, R., (2001) "Theoretical Structure of Dynamic GTAP", GTAP Technical Paper No.17.

Kawasaki Kenichi., (2003) "The Impact of Free Trade Agreements in Asia" RIETI Discussion Paper Series 03-E-018.

Liu, J., Arndt, C., Hertel, T.W., (2003) "Parameter Estimation and Measures of Fit in a Global, General Equilibrium Model", GTAP Working Paper No.23.

Ljungqvist, L., Sargent, T.J., (2000) "Recursive Macroeconomic Theory." MIT Press.

Mercenier J. (1995) "Nonuniqueness of Solutions in Applied General Equilibrium Models with Scale Economies and Imperfect Competition", Economic Theory, 6(1), pp161-177.

Mercenier J., Schmitt S., (1996) "On Sunk Costs and Trade Liberalization in Applied General Equilibrium", International Economic Review, 37(3), August, pp553-571.

Moran, C., Serra, P., (1993) "Trade Reform Under Regional Integration: Policy Simulations Using a CGE Model for Guatemala", Journal of Development Economics, Vol. 40, Issue 1, pp103-132.

Naastepad, CWM., (2002) "Trade-offs in Stabilisation: A Real-Financial CGE Analysis with Reference to India" Economic Modelling, Vol19(2) pp221-244.

Pyatt, G., (1988) "A SAM Approach to Modeling" Journal of Policy Modeling, 10(3), pp327-352.

Sadahiro A., Shimasawa M, (2002) "The Computable Overlapping Generations Model with an Endogenous Growth Mechanism," Economic Modelling, 20 (1), pp1-24.

Sadoulet, E., De Janvry, A., (1995) "Quantitative Development Policy Analysis" Johns Hopkins University Press

Shoven, J.B., Whalley, J., (1992) "Applying General Equilibrium" Cambridge University Press. (小平裕訳『応用一般均衡分析——理論と実際』1993)

Srinivasan, T.N., Whalley, J., Eds (1986) "General Equilibrium Trade Policy Modeling" MIT Press.

Timilsina, G.R., Shrestha, R.M., (2002) "General Equilibrium Analysis of Economic and Environmental Effects of Carbon Tax in a Developing Country: Case of Thailand" Environmental Economics and Policy Studies, Vol5(3) pp179-211.

Viner, J. (1950) "The Customs Union Issue." Carnegie Endowment for International Peace

Wang, Z., (1997) "China and Taiwan Access to the World Trade Organization: Implications for U.S. Agriculture and Trade." Agricultural Economics, 17, pp239-264.

Wendner, R. (2001) "An Applied Dynamic General Equilibrium Model of Environmental Tax Reforms and Pension Policy", Journal of Policy Modeling, 23(1), January, pp25-50.

Weyerbrock, S., (2001) "The Impact of Agricultural Productivity Increases in the Former Soviet Union and Eastern Europe on World Agricultural Market" Agricultural Economics 26, pp237-251.

Willlenbockel, D., (2002) "Specification and Choice and Robustness in CGE Trade Policy Analysis with Imperfect Competition", Internatinal Conference on Policy Modeling, Ecomod2002 (Downloadable from Ecomod

Website).
市岡修（1991）『応用一般均衡分析』，有斐閣．
伊藤元重・大山道広（1985）『国際貿易』，岩波書店．
川﨑研一（1999）『応用一般均衡の基礎と応用』，日本評論社．
川崎賢太郎（2003）「農地開墾と植林がインド経済に及ぼす影響——CGEモデルによるアプローチ」日本農業経済学会論文集，pp.474-476（本稿の英語版はEcoModホームページからダウンロード可能である．http://www.ecomod.net/conferences/ecomod2003/ecomod2003_papers.htm）．
齋藤勝宏（1996）「コメのミニマム・アクセスの及ぼす経済効果」農業経済研究第68巻第1号，pp.9-19．
財務省（2002）貿易統計：http://www.customs.go.jp/toukei/info/
堤雅彦・清田耕造（2001）「日本の新しい通商政策とその効果：CGEモデルによる評価」横浜経営研究，第22巻第4号．
堤雅彦・清田耕造（2002）「日本を巡る自由貿易協定の効果：CGEモデルによる分析」JCER DISCUSSION PAPER, No.74, 日本経済研究センター．
中島朋義（2001）「日韓自由貿易協定の効果分析」，ERINA Discussion Paper, No.0101．
中島朋義（2002）「日韓自由貿易協定の効果分析——部門別視点」，ERINA Discussion Paper, No.0202．
中島朋義（2003）「日本のFTA政策と農業支援」，日本国際経済学会第62回報告論文．
バラッサ（1963）『経済統合の理論』，中島正信訳，ダイヤモンド社．
伴ひかり（2002）「自由貿易協定と資本移動——GTAPモデルによる日韓自由貿易協定の経済効果分析」，神戸学院経済学論集，第33巻第4号，pp.179-195．
藤川清史・渡邉隆俊（2003）「日本・韓国・中国の自由貿易協定の経済効果」，産業連関, Vol11, No1．

第9章　GTAPモデルによる日タイFTAおよび日韓FTAの分析

付表1　集計対応表

地域

集計前66地域	集計後19地域
Australia	オセアニア
New Zealand	
China	中国
Hong Kong	香港
Japan	日本
Korea	韓国
Taiwan	台湾
Indonesia	インドネシア
Malaysia	マレーシア
Philippines	フィリピン
Singapore	シンガポール
Thailand	タイ
Vietnam	ベトナム
Bangladesh	
India	
Sri Lanka	南アジア
Rest of South Asia	
Canada	カナダ
United States	アメリカ
Mexico	メキシコ
Central America and the Caribbean	
Colombia	
Peru	
Venezuela	
Rest of Andean Pact	中南米
Argentina	
Brazil	
Chile	
Uruguay	
Rest of South America	
Austria	
Belgium	
Denmark	
Finland	
France	
Germany	
United Kingdom	
Greece	
Ireland	
Italy	ヨーロッパ
Luxembourg	
Netherlands	
Portugal	
Spain	
Sweden	
Switzerland	
Rest of EFTA	
Hungary	
Poland	
Rest of Central European	
Former Soviet Union	
Turkey	
Rest of Middle East	
Morocco	
Rest of North Africa	
Botswana	
Rest of South African Customs Union	
Malawi	その他
Mozambique	
Tanzania	
Zambia	
Zimbabwe	
Other Southern Africa	
Uganda	
Rest of Sub-Saharan Africa	
Rest of World	

部門

集計前57部門	集計後(日タイFTA) 9部門	集計後(日韓FTA) 9部門
Paddy rice		
Wheat		
Cereal grains nec		
Vegetables, fruit, nuts	農産物	農産物
Oil seeds		
Sugar cane, sugar beet		
Plant-based fibers		
Crops nec		
Forestry	林業	林業
Wood products		
Paper products, publishing		
Fishing	漁業	漁業
Cattle, sheep, goats, horses	畜産物	畜産物
Animal products nec	畜産物	畜産物
Wool, silk-worm cocoons	畜産物	畜産物
Raw milk	畜産物	センシティブ品目
Meat products nec	センシティブ品目	センシティブ品目
Processed rice	センシティブ品目	センシティブ品目
Sugar	センシティブ品目	加工食品
Dairy products	加工食品	センシティブ品目
Meat：cattle, sheep, goats, horse	加工食品	加工食品
Vegetable oils and fats	加工食品	加工食品
Food products nec	加工食品	加工食品
Beverages and tobacco products	加工食品	加工食品
Oil		
Gas		
Minerals nec		
Petroleum, coal products		
Chemical, rubber, plastic prods	二次産業(資本集約的)	二次産業(資本集約的)
Mineral products nec		
Ferrous metals		
Metals nec		
Electronic equipment		
Coal		
Textiles		
Wearing apparel		
Leather products		
Metal products	二次産業(労働集約的)	二次産業(労働集約的)
Motor vehicles and parts		
Transport equipment nec		
Machinery and equipment nec		
Manufactures nec		
Electricity		
Gas manufacture, distribution		
Water		
Construction		
Trade		
Transport nec		
Sea transport		
Associates Air transport	三次産業	三次産業
Communication		
Financial services nec		
Insurance		
Business services nec		
Recreation and other services		
PubAdmin/Defence/Health/Education		
Dwellings		

231

付表2　各国基準データ

(単位：百万ドル，関税率のみパーセント)

日タイFTA	日本				タイ			
	生産額	輸入額	輸出額	関税率	生産額	輸入額	輸出額	関税率
農産物	71488	22347	246	31.1	10211	1256	865	41.7
畜産物	23160	1744	121	5.6	2747	285	77	16.9
林業	199056	23267	3384	0.9	12396	1717	1765	20.5
漁業	18423	2606	99	4.2	1928	69	232	32.3
加工食品	293318	38435	2707	38.3	16577	3155	4873	40.7
センシティブ品目	41537	9091	96	112.8	5758	68	2533	30.5
二次産業(労働集約的)	1095719	142709	177394	0.4	51968	32637	27026	12.4
二次産業(資本集約的)	993692	107393	243327	3	54267	27222	19713	20.7
三次産業	4794218	99890	63093	0	105857	10524	13625	0
合計	7530611	447481	490466	−	261708	76933	70708	−

(単位：百万ドル，関税率のみパーセント)

日韓FTA	日本				韓国			
	生産額	輸入額	輸出額	関税率	生産額	輸入額	輸出額	関税率
農産物	71488	13841	246	37.9	22297	3662	212	74.1
畜産物	16515	1338	121	13.1	5497	1110	41	10.1
林業	199055	22846	3384	1.6	25370	4713	2230	6.5
漁業	18423	2484	99	6.8	4156	155	349	11.7
加工食品	278412	25967	2677	37.0	37380	4178	1955	45.2
センシティブ品目	63088	5750	127	63.0	14590	562	287	31.3
二次産業(労働集約的)	1095719	142390	177394	1.6	210583	75234	67283	7.7
二次産業(資本集約的)	993692	103738	243327	4.9	199646	45401	59187	7.8
三次産業	4794218	99894	63093	0.0	470837	23503	17760	0.1
合計	7530611	418249	490466	−	990355	158518	149305	−

出典：GTAPデータベース，基準年：1997年

注：1) 両FTAにおける部門集計の方法が異なるため，日本のデータが両表の間で異なる場合がある。

2) 日タイFTAにおける日本の関税率とは，日本がタイから輸入するときの関税率を，タイの関税率とはタイが日本から輸入するときの関税率を意味する。

3) 日韓FTAにおける日本の関税率とは，日本が韓国から輸入するときの関税率を，韓国の関税率とは韓国が日本から輸入するときの関税率を意味する。

[参考資料]

「経済連携(EPA/FTA)タウンミーティング イン 東京」

1．日時　　　　平成16年9月8日（水）17：30－19：30
2．場所　　　　東京都　新高輪プリンスホテル
3．出席閣僚等　川口　順子　外務大臣　　（当時）
　　　　　　　亀井　善之　農林水産大臣　　（当時）
　　　　　　　中川　昭一　経済産業大臣
　　　　　　　伊藤　元重　東京大学大学院経済学研究科教授
　　　　　　　鈴木　宣弘　九州大学大学院農学研究院教授
4．参加者名　　485名
5．概要

(川口外務大臣からの挨拶及びプレゼンテーション)

・外務省は、条約や外交政策を所管する立場から関係省庁とEPA/FTAについての議論を進めている。わが国は，2002年1月にシンガポールとの間で初めての経済連携協定を締結し，現在，様々な国と経済連携の枠組みを作るために積極的に取り組んでいる。これはWTOのもとで自由貿易を進めようというものである。
・政府がEPA/FTAを戦略的に進めるための指針として，「東アジア共同体」の形成に向けた域内経済連携の深化，日本企業の不利益解消，政治戦略的重要性，資源確保を考えている。
・EPAの取組が，国内的に大きな影響を及ぼし，大きなメリットとともに

「痛み」も生じる。EPAを結ぶことで日本に生まれるメリットは，工業品等の関税撤廃，投資自由化の促進，サービス分野の自由化，政府調達市場の開放，知的財産権の保護，競争政策の充実，ビジネスの環境整備などが考えられる。これらは，日本企業が日本国内でのグローバル・スタンダードの環境を相手国においても作り出そうという取組である。

・「痛み」は農業，人材の受け入れなどの分野で考えられるが，「痛み」を成長につなげていくことが，FTA交渉を進めていく上で大切である。例えば，NAFTA締結で崩壊すると心配されていたカナダのワイン産業が競争によりかえって成長したことは有名な話である。

・日本が経済連携に積極的に取り組むことができるかどうかが，今後の日本の姿にかかわってくるのではないか。例えば，アジアにおいて，日本がリーダーシップを取れるかどうか，日本自体がどのような国を目指すのか，経済連携の結果が大きな意味を持つと考える。

（亀井農林水産大臣からの挨拶及びプレゼンテーション）

・日本は世界最大の食料の輸入国であるので，食料自給率維持が必要である。21世紀の貿易ルールの構築にあたっては，それぞれの国の多様な農業の共存が可能となるようなバランスのとれた貿易ルールにすることが必要であり，WTOのように多国間での共通ルールを作成することが大切である。最近の国際情勢を踏まえ，EPA/FTAへの取組も重要な課題となっている。

・EPA交渉はメキシコに続いて，韓国，マレーシア，フィリピン，タイと交渉をしている。「守るべきものは守り，譲るべきものは譲る」という考え方で，関税撤廃等のオファーを最初から一括して提示をしている。

・日本の農林水産物は世界でも評価されているので，輸出を目指す品目は関税撤廃の要求をしている。このように守りと同時に攻めの姿勢を持ちながら，戦略的に交渉の展開をすることが必要だと考えている。

・東アジア諸国との交渉においては，農業協力の問題，農産物などの新品種の保護や違法に伐採された林産物の輸入防止の問題など，EPAにふさわし

[参考資料] 「経済連携（EPA／FTA）タウンミーティング　イン　東京」（議事要旨）

い幅広い議論を深めていきたい。また相手国からは，日本の食品安全の基準が高すぎるので緩和してほしいという意見もあるが，国民の食の安全・安心を確保することが交渉の大前提であり，このような要望には毅然とした態度で対応している。EPAの締結は，両国の農林水産業の健全な発展につながるものでなければならないと考えている。

・日本の農政改革の取り組みは，小泉構造改革内閣において主要な課題のひとつである。農業の現状を見ると，中核となる農業者が減少し高齢化が急速に進み，耕作放棄地も増加をしている。このため，片手間ではなく，やる気のある農業者に対し，望ましい農業構造を確立する政策が必要であると考えている。

・国民の食生活の変化に農業生産が対応しきれない状況があるが，これが食料自給率の低下の要因でもある。食に対する国民のニーズに応える政策の構築が急務であると思う。このような状況下での新しい動きとしては，環境と調和した農業，地産地消の運動やICタグの実用化などの科学技術の進歩が見られる。

・グローバル化の流れに対応できるように，農業の競争力を高めて，高関税といった国境措置に依存しない政策体系を構築する必要がある。こうした改革を具体化するために，来年3月に「新たな食料・農業・農村基本計画」を策定すべく，鋭意取り組んでいる。

（中川経済産業大臣からの挨拶及びプレゼンテーション）

・安定的な経済関係を世界の国々と結ばなければならないことを皆様とともに考えることが大切である。それは，経済協定が日本の国益になり，また日本の国家観になっており，日本の経済政策活動，外交活動，食料農業政策，安全保障政策などから成り立っているからである。

・日本は世界一の外貨準備高を持つ国であるが，そのためには，優秀な人材と勤勉さ，そして世界の平和の中で，世界中の国々とハンディキャップなしに自由な貿易ができるということが必要である。

・メキシコはFTA国家を自任し，すでに32の国とFTAを結び，日本が33番目のFTA締結国になる。なぜメキシコがFTAに力を注いでいるかというと，地理的な条件もあるが，FTAが国家戦略になっているからである。
・FTAに対する議論が深まってきたのは，1990年代の初め頃であり，ウルグアイラウンドの行き詰まりから，アメリカ，EU諸国が一斉にFTAに目を向けた。日本は貿易立国であるが，残念ながらFTAに対して出遅れた。FTAは，貿易における国連憲章であるGATT・WTO協定によって，その共通ルールの中に規定されている（GATT24条及びサービス協定5条）。全てのFTAはあくまでGATTの基本ルールに則るものでなければならない。
・日本は，様々な国と緊密な関係を深め，経済立国で生きていかなければ，世界から乗り遅れる危険性もある。日本は貿易なくして自給自足では生きていくことのできない国であるから，平和に各国とできるだけ経済的な環境を深めていくことが必要である。それは，一方の利益になるだけでなく，「痛み」は分かち合い利益は共有するという観点で経済連携を深めていくことがわが国の国益であり，そして世界の経済の発展につながっていくと考えているからである。

（伊藤東京大学大学院教授からの挨拶及びプレゼンテーション）

・経済連携協定は日本にとって重要な問題であるが，技術的に難しく分かりにくいことが非常に多いので，国民会議において，経済界の方をはじめ，農業関係者，労働組合関係者等と様々な議論を進めている。
・2002年に日本がシンガポールと経済連携協定を締結するまで，経済規模の上位30か国中，日本，中国，韓国，台湾の4か国がいかなる国とも経済連携協定に入っていなかった。このような中で，現在，経済連携協定を積極的に進めていかないと，日本は世界から取り残されてしまうという難しい状況であり，WTOの枠組みだけでは，日本の商品を各国に積極的に買ってもらうということは非常に難しい状況になってきている。
・中国は，ASEAN諸国と自由貿易協定の可能性を探っており，タイ，シン

［参考資料］　「経済連携（EPA／FTA）タウンミーティング　イン　東京」（議事要旨）

ガポールは，非常に熱心である。日本の国益にとっても経済連携協定を進めることはきわめて重要である。ヒト，モノ，カネ，企業，情報などあらゆるレベルでの統合ということが非常に重要だと思う。実態としてはすでに日本とアジアの諸国は様々なかたちで，経済や文化などの連携が出てきているが，いろいろな仕組みを作る必要がある。これは構造改革の問題だと思う。

・経済連携を進める上で重要なことは，特定の利害を優先することではなく，多くの国民が積極的に受け入れる仕組みをできるだけ作っていくという形のものが必要である。日本のアジアにおけるリーダーシップを考えると，経済連携の枠組みは，非常に重要なものになると思う。

（鈴木九州大学大学院教授からの挨拶及びプレゼンテーション）

・FTAにも光と影がある。FTAには，域外国が被害を被る「差別性」や，FTAで直接的に利益を得るのは輸出や海外進出をしている企業だといった「利益の偏在性」がある。この影の部分を認識し，その上で現実的な議論をすることが，FTA推進の近道であると思う。

・EPA/FTAを推進するにあたっては，農産物が障害になるとか日本の農業が過保護だという話を聞くが，間違いである。国内の価格支持政策を廃止したことでも理解できるが，アメリカやカナダやEUよりも日本の方が保護削減の「優等生」である。国境措置としての関税も，タイは35%，EUは20%であり，日本は平均12%で日本の方が遥かに低い。また日本の輸入依存度が60%ということは，大変な市場開放国を意味している。

・価格支持もなく関税も低いのに内外価格差が大きい理由は，農業関係者の品質向上努力による国産プレミアムだと考えている。つまり，外国産農産物と国産農産物の価格の差は，保護の結果ではなく努力の結果である。

・高関税品目の数は，農産物全体の約10%に限られるため，野菜の3%に象徴される低関税品目をある程度やむを得ないとすれば，多くの農産物を含んだFTAが可能である。

・弊害を最小化するFTAの推進には，まず，差別待遇を大きくしすぎない

ことである。これは日本全体でも国益に合致する可能性があると思う。また，FTAの利益の偏在性をどう是正するか。これには国内だけでなく相手国も思いやる必要がある。日本のセンシティブ品目だけ配慮を要求して，向こうのセンシティブ品目に対して配慮しないというのは通用しない。そしてGDPに応じた先進国日本としての役割を負うことが重要であると思う。相手国への思いやりを持ち，現実的な対応をすることがFTAの推進を早める政策だと思っている。

・ただし，競争の無いところに発展は無いので，日本の中小企業や農業も，日本の技術は世界に負けないという気概を持ってFTAをチャンスと捉える必要もある。

（パネルディスカッション）

・日本と東アジアの国々では経済力に差がある。そのような国とFTA協定を結ぶ場合，相手の希望を受け入れなければ，相手は日本の希望を受け入れない。日本はアジアのリーダーであるから，国益を追求するだけでなく，相手国の希望を受け入れる度量も必要である。それはアジア全体が発展する道であり，アジア全体が発展すれば世界が発展し，世界が発展すれば，日本の利益でもあると考える。（川口大臣）

・現在，韓国，タイ，マレーシア，フィリピンと政府間交渉を行っている。交渉には難しい問題があり，現在，リクエスト・オファーの交換や個別品目などの議論の段階にある。また，農林水産分野を含めて意見の隔たりもあり，特にセンシティブな分野については，関税撤廃の例外を設けるなど経過期間を設定し，戦略的に対応していかなければならない。メキシコでの経験を十分に踏まえて対応して行きたい。（亀井大臣）

・ASEANは各国の経済力に差があるが，歴史，文化や宗教の違いを乗り越えて，共通の認識を持とうとしている。会議においては，ASEANはEUを

［参考資料］　「経済連携（EPA／FTA）タウンミーティング　イン　東京」（議事要旨）

除いた国々と経済連携についての交渉をしようということで合意した。自由主義国家であり貿易立国である日本が、ASEANとの関係に出遅れたり、関係を弱めることがあってはならない。同時にASEANの日本に対する期待も強いものがあり、パートナーとしてASEANとのつながりを重視していくべき。日本は貿易だけでなく、技術支援、人材の育成、中小企業育成のノウハウなどを提供して貢献して行くことが重要であると考えている。（中川大臣）

・日本農業の競争力強化のためには、規模の拡大によるコスト削減がひとつの方向であるが、狭い土地と高い労賃のもとで日本の農業がアメリカやタイや中国の農業と同じコストを実現できるというのは幻想であろう。高くても国産を買いたいという需要に応える「国産プレミアム」の維持・拡大努力がもうひとつの方向である。それは、今後、アジア諸国の発展につれて、価格は高くても品質の高いものに対する需要がアジアにもさらに拡大したとき、日本の農産物の輸出拡大にもつながる。コスト削減と国産プレミアムの拡大に最大限努力し、しかし、それでも埋められない海外との格差は、例えばナショナル・セキュリティーの観点から、ある程度の財政支援をし、それらがセットになって、全体として競争力が強化されることが大事である。（鈴木教授）

・「食料・農業・農村基本計画」の見直しの中でコスト削減とやる気と能力のある担い手の育成を後押し、農産物のブランド化、地産地消の問題、さらに農地制度の見直しの問題も進めたい。その他の問題としては、食料自給率の向上、バランスの摂れた食事、食育も進めている。（亀井大臣）

・EPA／FTAの組み合わせは、全部で208通りあり、内容は全てオーダーメイドで異なり定番もない。共通しているのは、センシティブな分野が必ず存在するということである。農業だけが問題があるという議論ではなく、当省にも一部の伝統的な軽工業でセンシティブ品目を持っているし、人の移動の

問題だってある。EUが統合したときも石炭，鉄鋼の問題があり，現在に至るまで様々な問題があった。相互に国益があり，困難を乗り越えて，守るものは守り，譲るものは譲るという考え方でなければ，よい結果は期待できない。あまり農業だけにとらわれると本質を見失うことになると思う。(中川大臣)

・日中問題を語るにあたり，アジアの近隣の国が非常に重要である。難しい話であり，一朝一夕で出来る問題ではない。早急に進める内容と慎重に進める内容があると思う。国民の多くの方がこの問題に関心を持ちながら，常に遠い目標を見ながら進んで行くことが大切である。対立の経済連携協定ではなく，融和の経済連携協定が重要であり，農業の問題も日本の農業をどういうふうに良くしていくかを考えなければいけない。最終的には，アジア共同体という大きな目標の中で考えていくべきだと思う。(伊藤教授)

・タイやフィリピンの看護師が将来日本の病院で働くという議論がある。このことについては，様々な角度から考えなければいけない。患者は，分かりやすい日本語で看護してもらいたいと思うかもしれないし，医者の指示が的確に伝わっているかどうか不安が生じるかもしれない。また，20年後，日本人の看護師だけで人手不足になるか否か考えなければいけないし，不足しないという説もある。高齢化社会になる日本の労働力の確保という角度から見ることもできる。政府としては現在，外国人看護師・介護士の受入れ問題について，いろいろな角度から検討をしている。(川口大臣)

(会場からの主な発言と大臣，その他の登壇者からのコメント)

(アジア諸国との経済連携について)
・各国と経済連携を深めていくということの説明をいただいたが，日本としては個々の国々ではなく，アジア全体として経済連携を進めるという方針はないか。(会場)

[参考資料]　「経済連携（EPA／FTA）タウンミーティング　イン　東京」（議事要旨）

・アジア全体をどこまで考えるかという問題はあるが，ASEAN10か国全体とEPA/FTAを結ぶことを考えている。また日中韓の3カ国でできるかどうか。このことについては現在研究を始めているところである。（川口大臣）
・アジア全体の範囲がひとつポイントになると思うが，日本は他国と経済協調を深めていかなければならないから，当然，近隣諸国と協力して行かなければならない。様々な課題はあるが，最終的にはASEAN，日中韓を含めた東アジア全体の経済提携を実現していきたいと思う。（中川大臣）

（経済連携による国際政治への影響について）
・日本がアジアの国々と経済連携を結ぶことにより，どのような国際政治への影響力があるのか。また，ASEANと経済連携を結ぶことにより，今の国際政治の流れをアメリカからアジアに変える事ができるのか。（会場）
・国際政治への影響力はあると思う。ASEANと経済連携を結ぶことにより，経済的に豊かになり，国際協力の中で生きていくようになる。国際社会全体との関係を考えてみると，ODAによる国際支援活動が活発になったり，国際政治の中で発言権を持つようになると思う。（川口大臣）
・ASEANと日本がきちっとやれば，結束が更に深まり，いい意味で協力関係が深まると思う。そしてアジアの平和と経済的な発展が，世界経済に大きく貢献をすると考える。アメリカへの影響は明言できないが，国際競争の中で，いい結果を生むことが理想である。（中川大臣）

（経済提携と国益について）
・我が国の経済状態が良いわけではないのに，技術支援をすることなどに不安を感じる。他国に技術支援をしたために困難にあった産業もある。日本の国益になるかどうかを重点的に考えてほしい。（会場）
・国益が何かという議論をし，国益を守るということが大事だと思う。やみくもにEPA/FTAを結ぶのではない。日本の利益を考え，戦略を考えて結ぶのである。様々な議論をし，それを乗り越えて自分を改革することができな

ければ，EPA/FTAを活用することはできない。EPA/FTAを活用する力を持つ，それが日本にとって重要であり，それが国益であると思う。（川口大臣）

・日本がASEANの国々に技術支援をし，その結果，経済は発展する。技術支援の目的はそういうものである。しかし，他の国が安価な製品を作るようになり，それによって日本の産業が衰退するというようなことでは意味がない。日本は独自の強みを活かし，先端産業の育成など，更に先に進んでいく必要があり，経済産業省ではその提言として「新産業創造戦略」を発表したところである。（中川大臣）

以上

［この議事要旨は内閣府のホームページに掲載されておりますが，了解を得て転載させて頂きました。内閣府のご配慮に感謝申し上げます。］

あとがき

　食料生産が持つ国家安全保障，地域社会維持，環境保全といった外部効果をまったく考慮せずに，単純に食料貿易の自由化の利益を肯定することはできない点は，WTOであれ，FTAであれ同じである。また，多様な世界に一律のルールを求めるWTOの単純さも問われねばならない。それらの点は踏まえた上で，WTOとFTAを比較した場合のFTAの問題点は，特定の相手国のみを優遇することによって生じる様々な「歪み」であり，かつ，WTOのような保護の「漸次削減」ではなく，「即時撤廃」を原則とするから，その歪みは大きくなりがちである。

　一方で，我が国にとって，東アジア諸国との連携強化によって，アジアとともに持続的な経済発展を維持し，国際社会における政治的発言力を強化する必要性も認識されている。こうした中で，できるかぎり歪みを小さくするように，つまり，結局WTOの精神を反映した形でFTAを推進することが求められている。

　また，アジアとともに発展することが日本の活路とすれば，日本が一人勝ちするようなFTAを押しつけようとしては，逆に信頼関係を損ねてしまう。アジア農村には，いまだ深刻な貧困問題があり，アジア諸国間には100倍もの所得格差が存在する。こうした現実の改善に貢献することが，アジアのトップランナーとしての日本の重要な役割であり，それによって日本の将来も開ける。しかし，トータルとしての効率性を追求するだけのFTAでは，貧困人口や所得格差をむしろ拡大する危険性もある。

　したがって，FTA形成にあたっては，歪みの緩和とともに，Equitable distribution of wealthへの配慮が重要な視点になる。FTAに伴う様々な相反する利害を調整し，FTA形成による痛みを和らげ，アジア農村の貧困を緩和し，アジア諸国間の100倍もの所得格差の緩和に資するようなFTAにするにはどうしたらよいだろうか。それは，基本的には，FTA利益の包括的な

再配分システムと困窮層への支援・協力システムをFTAの枠組みの中に取り込むことによって可能になると考えられる。

　その意味で，EU形成でドイツが果たした役割には学ぶ点がある。ドイツがEU予算に最大の拠出をし，それを南欧の国々が受け取る形で差し引き赤字になりながらEU統合に貢献してきたように，東アジア全域FTA形成で損失が生じる国やセクターの痛みを緩和するために，GDPに応じた加盟各国の拠出による東アジア全域FTAの共通予算を活用するシステムの青写真を我が国が提示する必要があろう。食料・農業については，EUのCAP (Common Agricultural Policy) が参考になるかもしれない。

　「東アジア共通農業政策」の最も基本的な部分は，各国がGDPに応じた拠出による財源（基金）を造成し，国境の垣根を低くしても，生態系や環境も保全しつつ，資源賦存条件の大きく異なる各国の多様な農業が存続できるように，その共通予算から，共通のルールに基づいて，必要な政策を講じるというものと考えられる。これに加えて，規格や検疫制度，種苗法の調和等という制度の共通化も重要な側面である。さらに，食料安全保障についても，一国だけでなく，東アジア全体で考えるという視点が可能であり，我が国のWTO提案として出された国際穀物備蓄構想の具体化として，我が国が，すでに主導的に進めている東アジア米備蓄システムの構築事業は，それに通じるものと位置づけることができる。

　こうした域内国の共通財源の造成とその活用システムについては，これまでは，非現実的なものとみなされる傾向にあり，具体的なイメージも浮かばない状況であったが，具体的な議論のたたき台になるような試算は十分に可能であると我々は考えている。この点についての理論的・実証的研究を早急に積み上げることは我々の次なる課題の一つである。

執筆者一覧　　（執筆順，括弧内は執筆当時の所属）

第1章	鈴木宣弘	（九州大学大学院農学研究院教授）
第1章補論	古川宏治	（九州大学大学院生物資源環境科学府修士課程）
第2章	前田幸嗣	（九州大学大学院農学研究院助教授）
第3章	木下順子	（農林水産省農林水産政策研究所主任研究官）
	永田依里	（九州大学大学院生物資源環境科学府修士課程）
第3章補論	狩野秀之	（九州大学大学院農学研究院学術特定研究者）
第4章	安英配	（九州大学大学院生物資源環境科学府修士課程）
第5章	中本一弥	（九州大学大学院生物資源環境科学府修士課程）
第6章	図師直樹	（九州大学大学院生物資源環境科学府修士課程）
第7章	安達英彦	（九州大学大学院生物資源環境科学府博士課程）
第8章，第9章	川崎賢太郎	（東京大学大学院農学生命科学研究科博士課程）

編者紹介

鈴木宣弘（すずき　のぶひろ）

九州大学農学研究院兼アジア総合政策センター教授
1958年三重県生まれ。東京大学農学部農業経済学科卒業後，農林水産省入省，経済局国際企画課，農業総合研究所研究交流科長等を経て現職。夏期（7～8月）は米国コーネル大学客員教授も務める。日韓FTA（自由貿易協定）及び日チリFTAの産官学共同研究会委員。主著に，『WTOとアメリカ農業』（筑波書房，2003年），『FTAと日本の食料・農業』（筑波書房，2004年）。

FTAと食料　評価の論理と分析枠組

2005年7月5日　第1版第1刷発行

　編　者　鈴木宣弘
　発行者　鶴見淑男
　発行所　筑波書房
　　　　　東京都新宿区神楽坂2－19 銀鈴会館
　　　　　〒162－0825
　　　　　電話03（3267）8599
　　　　　郵便振替00150－3－39715
　　　　　http://www.tsukuba-shobo.co.jp

定価はカバーに表示してあります

印刷／製本　平河工業社
© Nobuhiro Suzuki 2005 Printed in Japan
ISBN4-8119-0285-8 C3033

筑波書房ブックレット 暮らしのなかの食と農シリーズ14

WTOとアメリカ農業

鈴木宣弘著／定価本体750円＋税

アメリカのしたたかなWTO農産物貿易交渉戦略と国内農業保護政策がどのような内容なのか、そしてそこから日本が学ぶべき事は何かについて述べる。

筑波書房ブックレット 暮らしのなかの食と農シリーズ27

FTAと日本の食料・農業

鈴木宣弘著・定価本体750円＋税

世の中が一つの方向に加速的に流れ始めたときこそ冷静な分析が必要だ。このような視点から、FTA推進と日本の食料・農業をその中でどう取り扱うかについて、バランスのある議論を展開している。